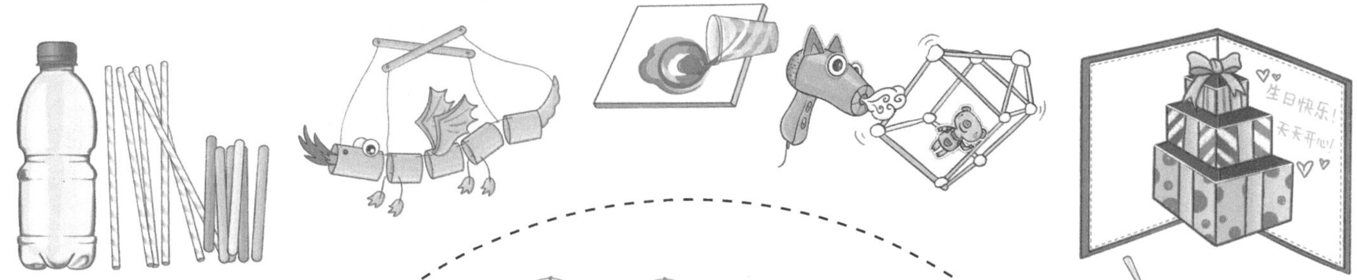

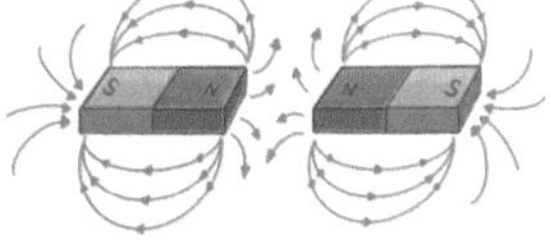

在家就能做的80个STEAM科学小实验

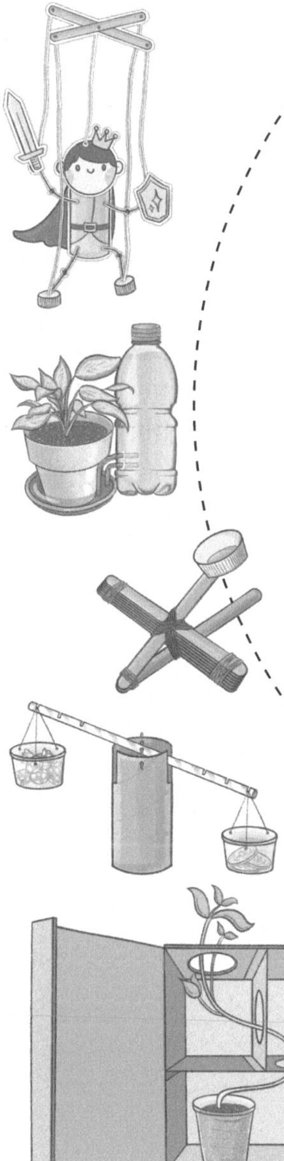

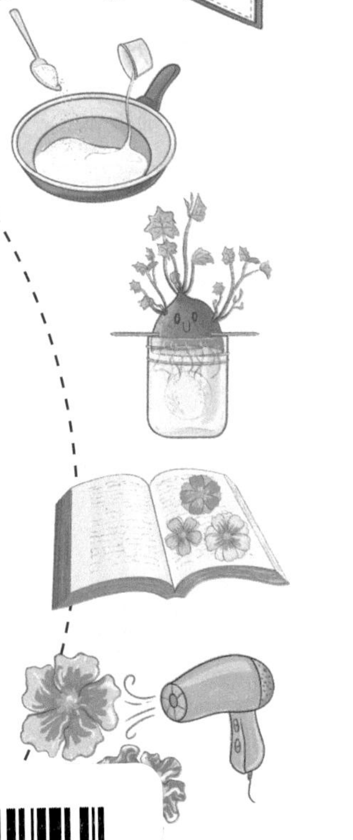

Misa（于卓然）著/绘

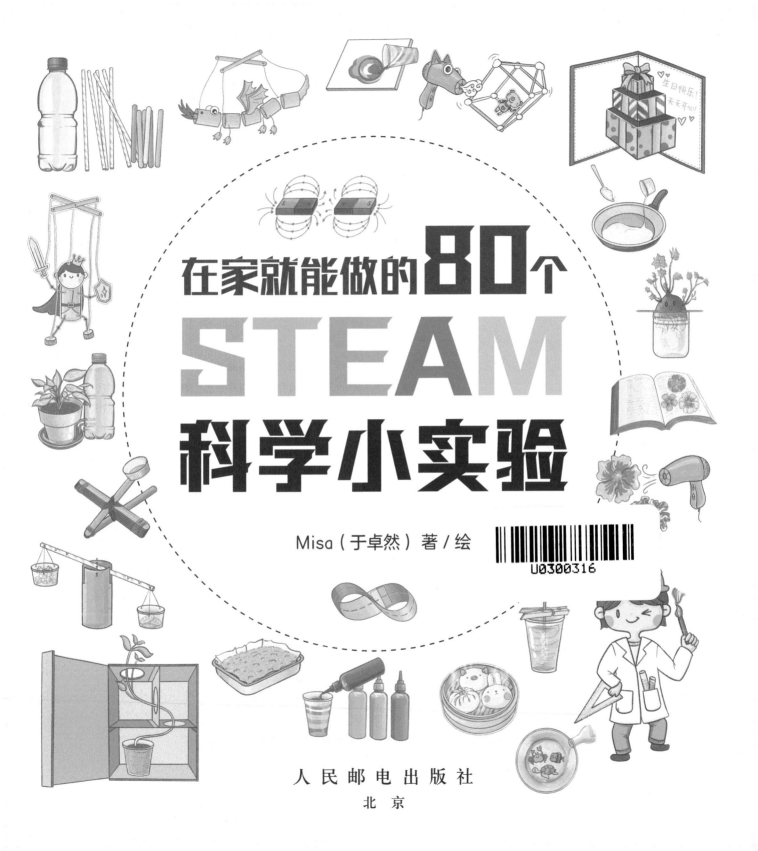

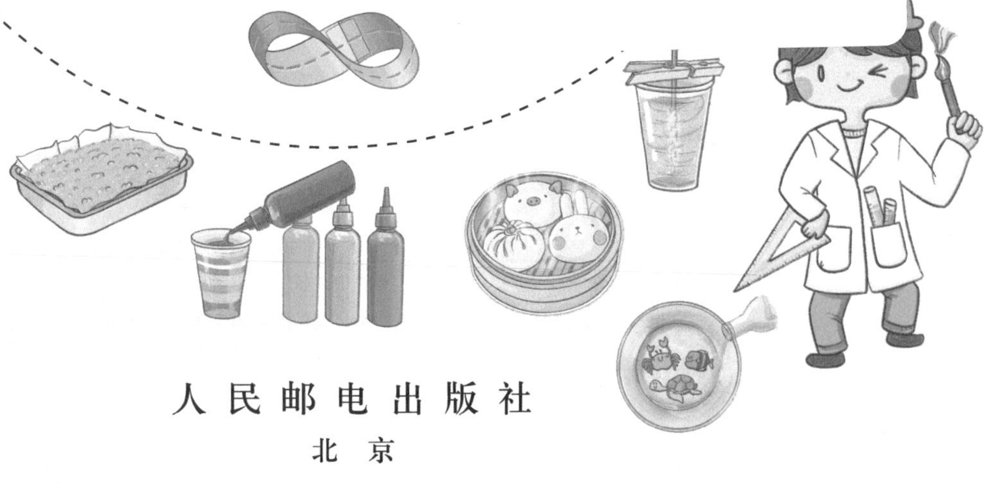

人民邮电出版社
北京

图书在版编目（CIP）数据

在家就能做的80个STEAM科学小实验 / Misa著、绘
. -- 北京 : 人民邮电出版社, 2021.1
ISBN 978-7-115-54794-1

Ⅰ. ①在… Ⅱ. ①M… Ⅲ. ①科学实验—少儿读物
Ⅳ. ①N33-49

中国版本图书馆CIP数据核字(2020)第165510号

内 容 提 要

STEAM 教育是融合了科学、技术、工程、艺术、数学多门学科的综合性教育，它提倡对多学科、跨领域知识的融合学习与综合应用，强调让孩子动手实践、解决问题，进行项目式学习。其实 STEAM 教育离我们并不远，客厅、厨房、书房、阳台、浴室都可以成为开展 STEAM 教育的实验室。牛奶盒做成升降机，塑料瓶模拟人工肺，糖和小苏打就能做出蜂巢脆饼，简单的动手操作，蕴含着有趣的科学原理。本书还有启发孩子思考力的“来挑战吧！”模块，孩子们和家长们快一起动手，开动脑筋，去发现、去探索、去挑战吧！

◆ 著 / 绘 Misa（于卓然）
责任编辑 楼雪樵
责任印制 陈 犇
◆ 人民邮电出版社出版发行 北京市丰台区成寿寺路 11 号
邮编 100164 电子邮件 315@ptpress.com.cn
网址 https://www.ptpress.com.cn
北京捷迅佳彩印刷有限公司印刷
◆ 开本：880×1230 1/20
印张：10 2021 年 1 月第 1 版
字数：240 千字 2025 年 5 月北京第 14 次印刷

定价：65.00 元

读者服务热线：(010) 81055256 印装质量热线：(010) 81055316
反盗版热线：(010) 81055315

前言

STEAM 教育是什么？

STEAM 由 5 个英语单词的首字母组成，它们分别是

S—科学（Science）

T—技术（Technology）

E—工程（Engineering）

A—艺术（Arts）

M—数学（Mathematics）

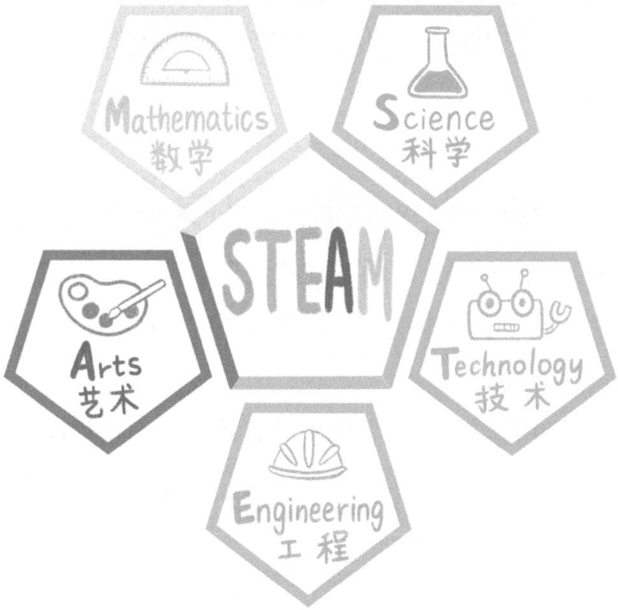

这表示 STEAM 教育是由科学、技术、工程、艺术、数学多门学科融合而成的综合性教育，是一种新型的教育理念。

STEAM 教育理念提倡对多学科、跨领域知识的融合学习与综合应用，并注重让孩子去动手实践、解决问题；注重对孩子知识体系的构建及与现实世界的连接；注重培养孩子利用跨学科的知识来解决实际问题的能力，并在实践的过程中指导孩子融合掌握各学科的知识。

STEAM 教育有以下 6 个特点。

1. 统整性（跨学科——培养孩子对知识的统整能力）

STEAM 教育整合了科学、技术、工程、艺术和数学学科领域的知识，却又不仅是这 5 门学科的简单组合，它将这些学科有机地融合为一个整体，彼此不可或缺并互相联系。

跨学科意味着在 STEAM 教育中，我们不再将重点放在某个特定学科上或过于关注学科与学科之间的界限，而是将目光集中在特定的问题或项目上。STEAM 教育强调跨越学科界限，综合应用多学科知识来提高解决问题的能力。

孩子的大脑就像一块吸收力很好的海绵，他们每天都会从日常生活和学习玩乐中吸收各种各样的知识，但在他们可以有逻辑地建立起知识之间的结构关系之前，这些知识都还只是零散的知识碎片，而 STEAM 教育可以让孩子统整起这些知识碎片，并通过构建和融合知识之间的联系，来统整自己的知识结构，进而将这些知识应用在解决问题的过程中。

2. 趣味性（玩中学——让孩子进入主动学习的良性循环）

STEAM 教育强调在玩中学习，将多学科知识融于具有趣味性、挑战性，并与生活相关的项目中，将教育内容游戏化，将游戏的元素、方法与框架运用在日常的教育场景中，由此激发孩子的学习兴趣。项目的完成、问题的解决能给孩子带来满满的成就感，因而孩子能进入学习的良性循环状态，喜欢学、主动学。

在心理学家看来，大部分孩子的学习问题在于动力不足，所以我们必须针对孩子的心理和生理，通过教育内容游戏化的方式让孩子对学习产生强烈的喜好。因此，在 STEAM 教育中，让学习与游戏相结合是非常必要的。

3. 体验性（动手做——培养孩子解决实际问题的能力）

培养孩子动手解决真实世界问题的能力和将创意方案执行落地的能力，是我们进行 STEAM 教育的目的。STEAM 教育强调让孩子动手去做，去运用所学的知识来应对现实世界中的问题，并通过创造、设计、建构、实证、合作来解决问题。

STEAM 教育具有很强的体验性，跨学科主题与生活中有趣、富有挑战性的情境相结合，会点燃孩子的好奇心与探究欲望。比如可以让孩子挑战用木棒或吸管来搭出牢固的桥梁，在这个过程中，孩子不仅可以了解与桥梁相关的物理概念与知识，还能在设计中体验到这些知识的实际作用，设身处地地将自己置于工程师这个职业位置上，初步体验这个职业需要做的各种考量。由此将抽象的物理知识与实际生活连接起来，将生活情境与教学活动相结合，培养孩子面对生活挑战该具备的能力与态度。

4. 创造性（发散想——培养孩子运用综合知识的能力）

在 STEAM 教育中，我们提出的问题与给出的解决方案都是发散性的。不同于传统教育中的确定性问答，在 STEAM 教育中同一个问题可以有很多种不同的答案，它们没有对错，孩子们可以在其中找出最优解，而每一个孩子都是不同的个体，所以这个最优解也是每个孩子根据自己的喜好、自身特点、结合审美来得出的。面对没有确定答案的问题，孩子们可以打开想象力，发散自己的思维，充分调动综合知识进行设计和创造。

在布鲁姆的教育目标分类体系中，认知领域教学目标被分为 6 个层次，由低到高分别为认知、理解、应用、分析、评价和创造。

教育最底层的目标在于认知，其次是理解，这两点几乎适用于任何教育体系，也是更深层次教育目标的基础；而后是应用，是将已有的知识应用到不同的情境中；再者是分析，将不同的想法按一定的逻辑关系展开连接，初步形成跨学科概念；接着是评价，对自己产生的想法和概念进行判断、选择、评价、批判等，使最终结果值得信任和推敲；最后，教育最高阶的目标是能够实现创造，能产生原创的、全新的创造性内容。

由此可见，实现真正的创造对于教育而言，是顶层目标，同时也是最难达到的目标，这需要整个教育阶段的配合，而让孩子从小接受 STEAM 教育可以为将来培养他们的创造能力打下很好的基础。

5. 实证性（勇敢试——让孩子在试错中不停迭代更新）

实证性是科学本质的基本内涵之一。STEAM 教育要求基于科学原则来设计方案，而在动手解决问题或进行专项探究的过程中，犯错与失败是不可避免却又弥足珍贵的过程。在一次失败后，孩子需要进行复盘，反思本次失败的原因，并以此来修正迭代，更新出新版本的方案，并不断重复这个过程，直到找到成功的方法。

不停试错并迭代更新的过程，除了能培养孩子动手体验、不断实证的能力，更能有效提高孩子的耐心和抗挫折能力，同时也锻炼了孩子的独立思考能力和批判性思维。

6. 协作性（入团队——提高孩子的沟通能力和合作能力）

STEAM 教育在学校里通常是以一个主题为项目，在有限的资源和时间中，让孩子们通过组成团队来合作完成任务。在完成任务的过程中，孩子之间需要大量交流和讨论，他们需要共同搜集和分析学习资料，提出和验证假设，评价学习成果。所以，STEAM 教育具有很强的协作性，需要孩子们在群体中相互协作、相互帮助、相互启发，进行群体性知识构建。孩子需要运用协商等人际沟通技巧来进行小组决策，并需要学会尊重和接纳与自己不同的想法。STEAM 教育的项目体验可以很好地培养孩子与人沟通、合作的能力，也能为未来孩子步入职场、融入社会打下良好的社交基础。

儿童时期的 STEAM 家庭教育

孩子对世界的理解，对科学的探索，最初大多是从家里开始的。客厅里，按下开关就会亮起的漂亮吊灯；厨房内，从面粉到面团再到飘出香气的小饼干；阳台上，迎着阳光肆意生长的花花草草；浴室中，滴入沐浴球就能揉搓出无数泡泡的沐浴露等。这些日常生活中我们成年人早已习以为常的生活点滴，对孩子来说却可以成为一个又一个探究和学习的机会。孩子脑海中一个又一个的“为什么”，等待着我们鼓励他们去探索、去推理、去理解。

家长要如何向孩子解释他们脑海中的问题呢？除了通过查找答案直接告诉孩子，家长还可以通过简单的 STEAM 小实验来讲解一些听起来颇为复杂的原理，并带着孩子一起思考、讨论这些问题，一个良好的家庭教育氛围便由此开始了。

家长和老师在进行 STEAM 教育的过程中更多的是扮演引导者的角色，让孩子自己去想象和发挥，不用担心犯错，失败的经验对于孩子来说同样宝贵。这个过程会让孩子自己构建知识和技能，培养知识的综合运用能力。我们要善于激发孩子调查和研究的心态，给他们机会去探索他们感兴趣的事物，鼓励孩子对世界的好奇心，并让孩子尽可能长时间地保持好奇心的火花。

STEAM 教育的形式非常多样，本书撰写的目的就在于让更多的孩子在家中就可以体验 STEAM 实验。我们可以在家中利用日常生活中常用的材料来做 STEAM 实验，比如小木棒、橡皮筋、画笔、纸板、乐高积木甚至厨房里的食材等，一些废品如空牛奶盒、纸巾盒、矿泉水瓶等也可以被利用起来。在我们的日常生活中，也有很多可以进行 STEAM 教育的机会，比如让孩子参与一次蛋糕的制作，和孩子一起种下一株植物，或者和孩子完成一项简单的家务。每一个 STEAM 实验都是对某个现实世界问题的探究过程，也是对孩子的一个小挑战，孩子可以在实验中更好地理解科学知识。在这个过程中，孩子与父母的关系、与小伙伴的友谊也得到了进一步升华。

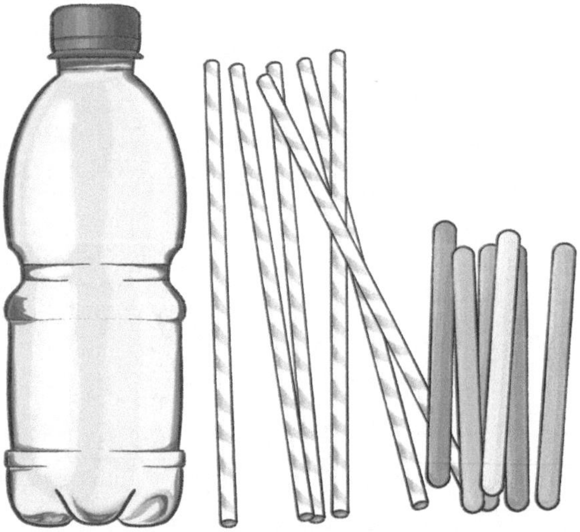

除了在生活场景中为孩子创造平台外，更重

要的是，要多为孩子提供动手的机会，让他们有自由发挥的空间，让他们去大胆创造，让他们将头脑里各种天马行空的创意通过不断的试错和实践落实到现实中，将无形的创意实物化。把创意转化为现实也是适应未来社会发展的一项很重要也很必要的能力，我们把拥有这种能力的人称为“创客”。“创客”一词源于英语单词“Maker”，是指出于兴趣与爱好，努力把各种创意转变为现实的人。创客的特质是创新、实践与分享，他们善于发现问题，并努力找到改进的方法，从而不断创造出新的需求。未来，我们的世界也将越来越需要这些能够识别问题，落实和创造新方案并能不断改进方案的“创客”。希望通过“玩”本书的这 80 个 STEAM 小实验，孩子们都能变身为一名“小创客”，希望未来我们的孩子能用他们的知识和能力创造更美好的世界！

目录
CONTENTS

CONTENTS
目录

CONTENTS
目录

CONTENTS
目录

CONTENTS
目录

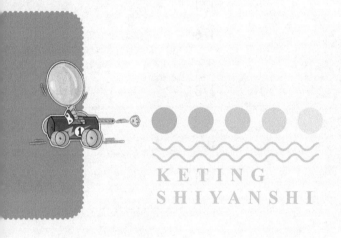

KETING
SHIYANSHI

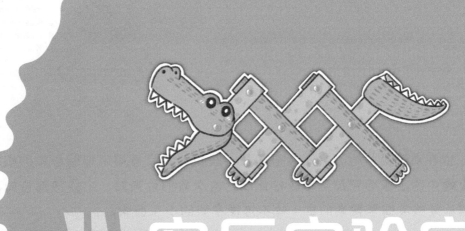

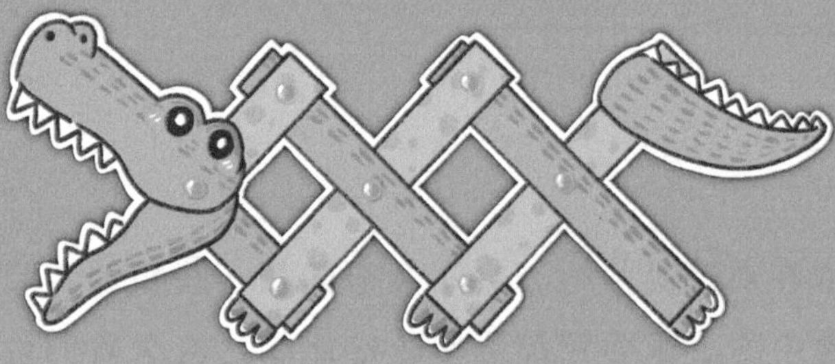

客厅实验室

客厅实验室

伸缩自如的机械手臂

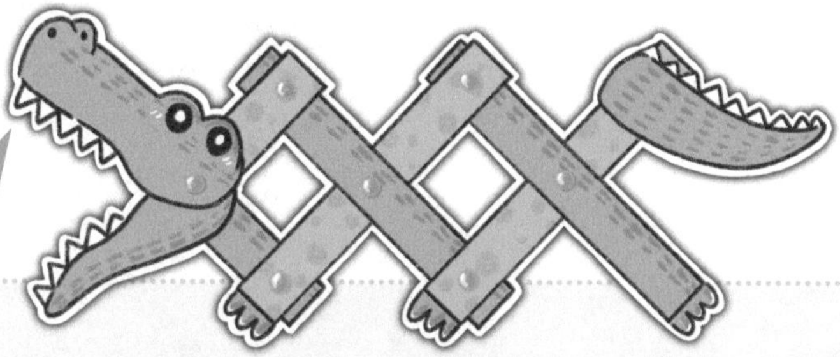

引入

你在看动画片时，会不会很羡慕一些机器人有着可以伸缩自如的机械手臂呢？在远处或在夹缝中的小东西它都可以轻松抓取。这次我们也来做一个能伸缩自如的机械手臂，它可以伸到远处或夹缝里帮我们拿一些不方便拿到的小东西哦！

你还可以根据自己的想象和喜好，将机械手臂画出不同的造型来，比如张开大嘴的鳄鱼、鲨鱼、恐龙等。

材料预备

纸板、剪刀、双脚钉

【步骤】

1 在纸板上画出若干个条状的长方形，同时根据自己的设计画出动物造型，并涂上颜色。

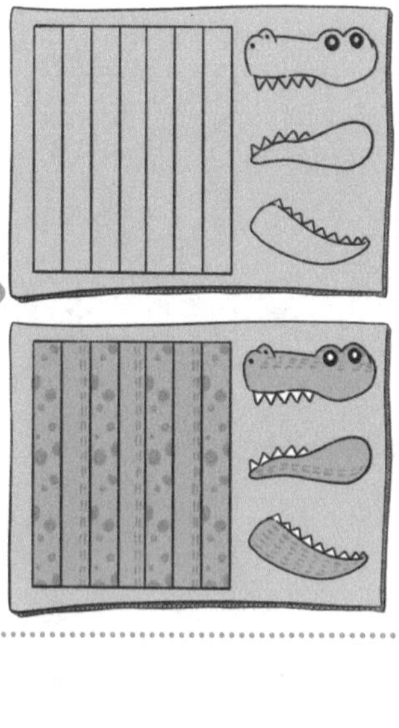

2 用剪刀剪下画好的图形。

③ 将两个长方形交叉后，用双脚钉将其中心固定在一起。

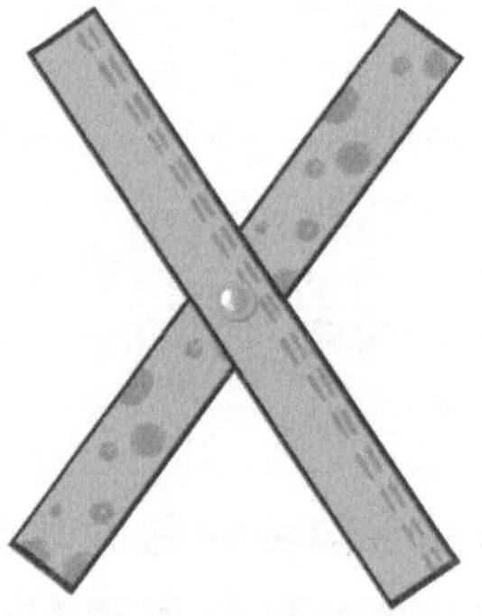

④ 重复上一步骤，组成多组 X 形用双脚钉固定在一起，形成平行四边形结构。

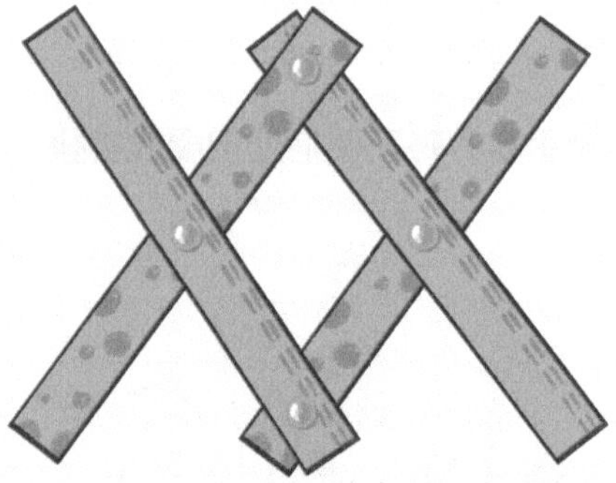

⑤ 将动物的头部和尾部固定在两端。

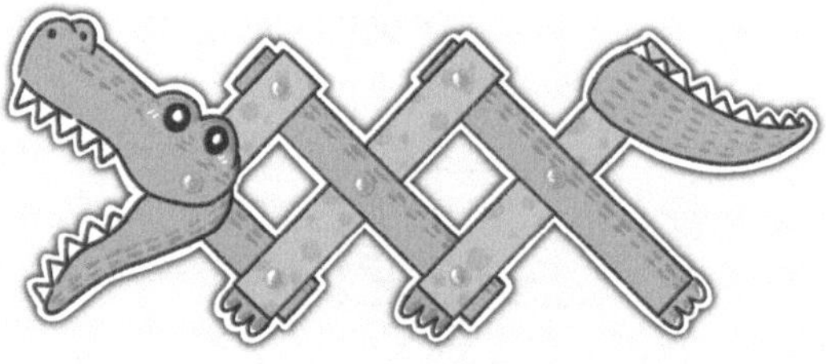

* 除了用纸板和双脚钉这两种材料外，我们也可以使用竹筷和橡皮筋来做机械手臂。

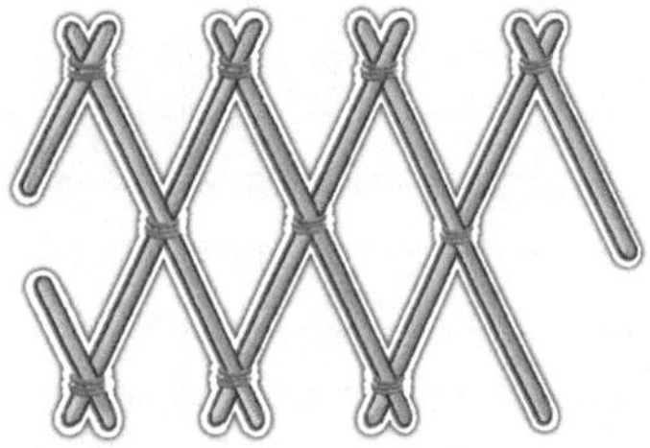

延伸与拓展

知识点：机械传动

机械手臂根据作用和结构可以分为 3 个部分。

1. 抓手：用来抓取物体。

2. 运动结构：使机械手臂伸缩、改变长度的结构。为什么机械手臂可以伸缩自如呢？我们来观察一下运动结构的形状，像长方形但又不是长方形，你知道这是什么形状吗？这是对边相等、对角相等的平行四边形。平行四边形结构很容易伸缩和变形，很适合用于做机械手臂这样的装置。我们可以通过增加条状纸板或木棒的数量来形成更长的机械手臂哦！

3. 控制结构：通过施加压力使机械手臂伸缩。

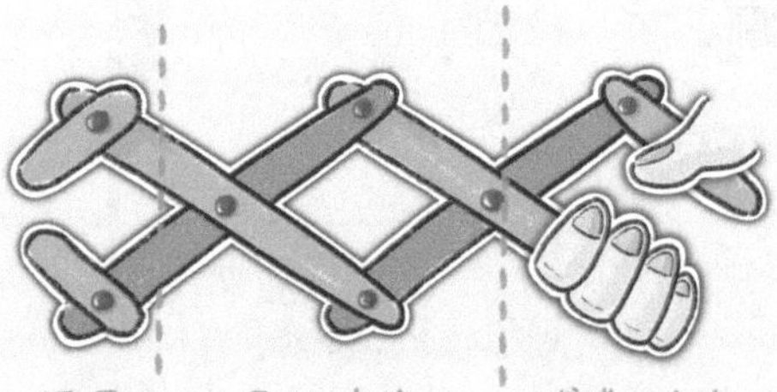

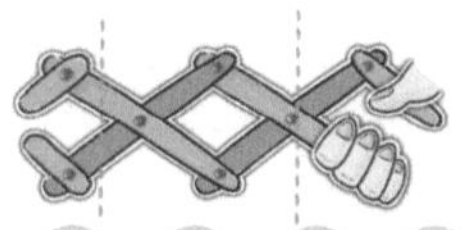

可抓握的机械手掌

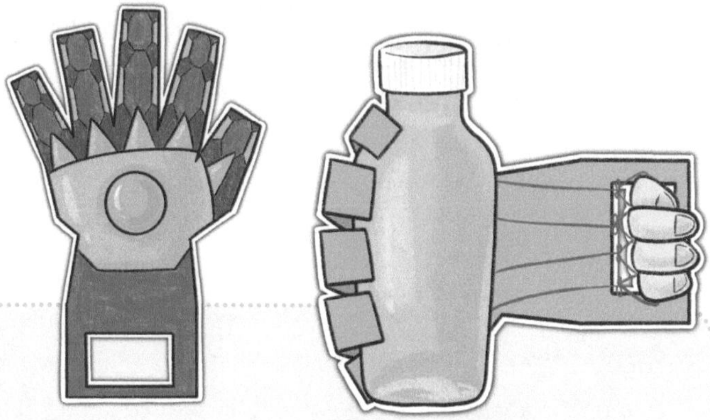

引　入

在上一个实验中我们做了伸缩自如的机械手臂，这次我们模拟手部神经的原理来做一个可以抓握的机械手掌。在很多科幻电影中，我们看到一些角色可以用脑神经来控制机械战甲行动，只要坐在战甲里面，就可以控制它做出各种动作，宛如变身成为“超级战士”，是不是特别酷呢！我们可以将所做的机械手掌画成自己喜爱的超级英雄的手掌哦！

·材料预备·

纸板、剪刀、吸管、棉线、万能胶

【步骤】

❶ 在纸板上画出机械手掌的轮廓。

❷ 剪下机械手掌，并在手指处按虚线折叠。

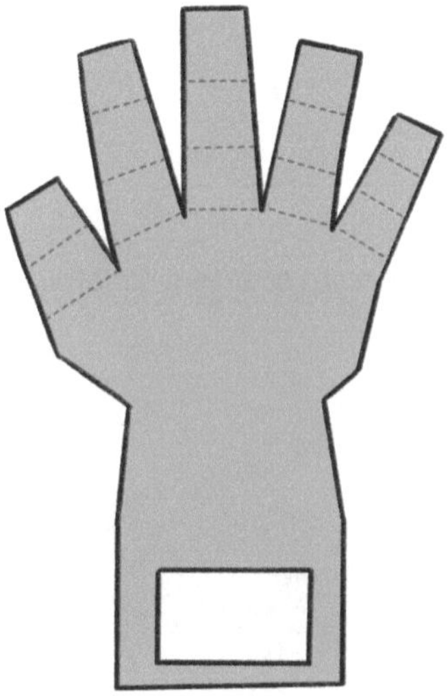

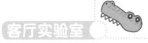

③ 将吸管剪成小段，用万能胶贴在每一个指节处。

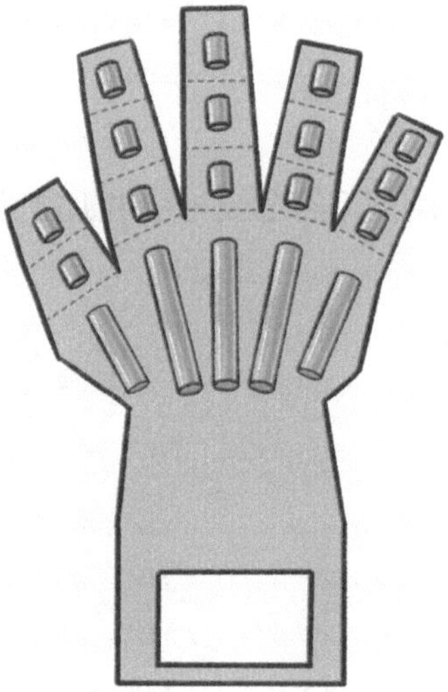

④ 将棉线固定在第一个指节处，并穿过吸管，打好绳结，以便手指穿过。

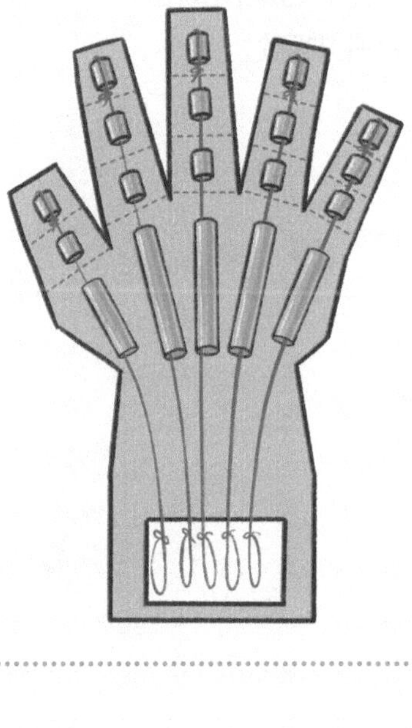

⑤ 使用时，将手指穿过绳结，就可以通过手指的动作来操控机械手掌啦。

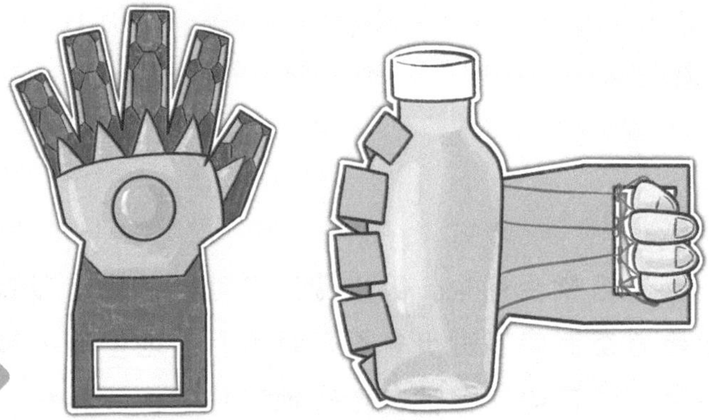

延伸与拓展

知识点：神经系统

你知道我们的大脑是如何控制我们的行动的吗？当我们想拿起水杯喝一口水，当我们想迈开双腿往前走、当我们想拿起笔画一幅画时，都是由大脑神经先运算出动作计划，接着传递出动作信号，经过身体上的神经网络，将信号传递到手部的肌肉组织；当肌肉组织接收到动作信号时，就会开始收缩肢体关节，做出大脑命令肢体做出的动作来。

我们的大脑包含了上千亿的神经元细胞。我们身体的所有自主控制肌肉都是由大脑中的运动神经元细胞控制的。神经元细胞组成了神经系统，动作信号通过神经网络传递传给神经末梢并被执行出来。

迷你绳带传动升降机

引 入

在日常生活中，经过施工工地时，你有没有因为好奇而停下脚步多看几眼呢？工地里有各种各样“神奇的”机械在忙碌地工作着，挖掘机、起重机、升降机等等，这些机械的配合和工人们的辛苦劳动建成了我们居住、生活的美丽家园。

今天我们来做一个通过转动绳带就可以让重物升高的迷你升降机吧！

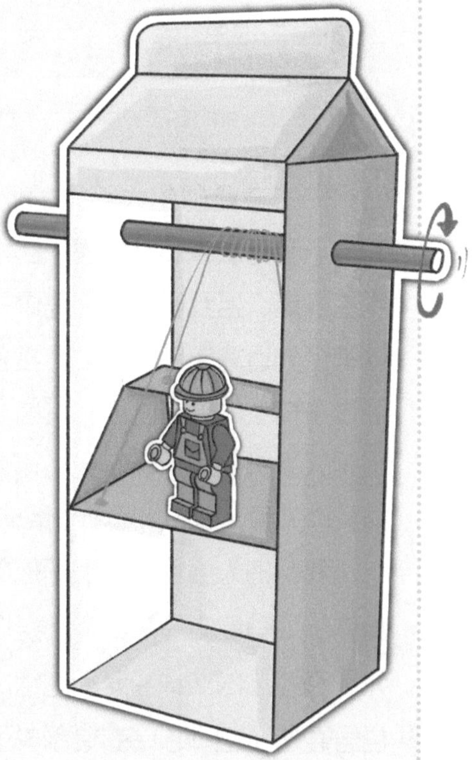

· 材料预备 ·

空牛奶盒、吸管、棉线、玩具小人、剪刀、双面胶 / 胶带

【步骤】

1. 用剪刀沿虚线将空牛奶盒剪开。

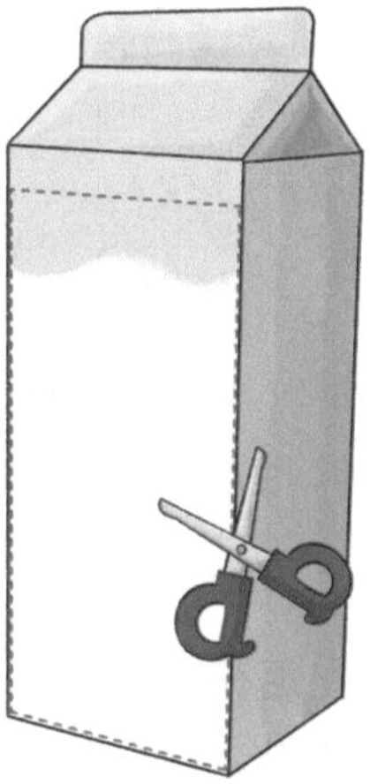

2. 在牛奶盒两侧各开一个孔，将吸管从孔中穿过。

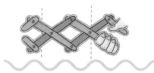

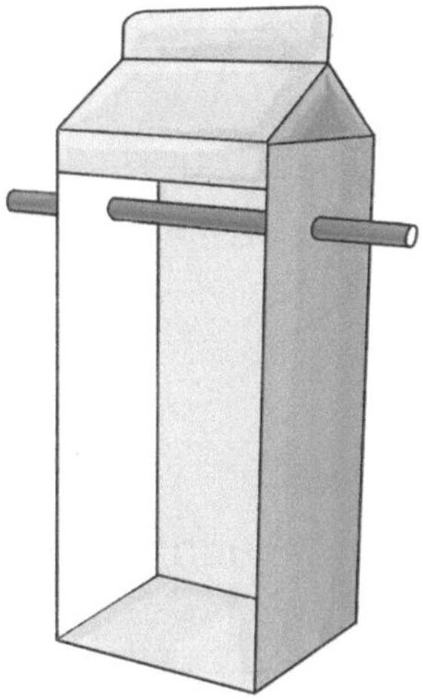

③ 将剪下的纸片修剪、围折成下图，模拟升降机的“轿厢”。

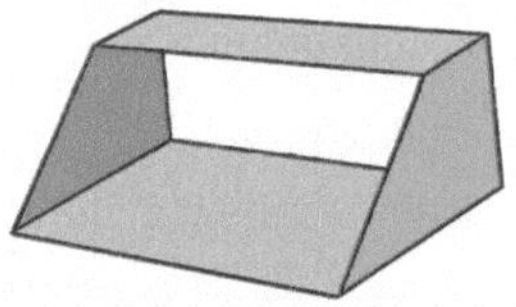

④ 将棉线从升降机“轿厢”上方穿过，并打结固定。

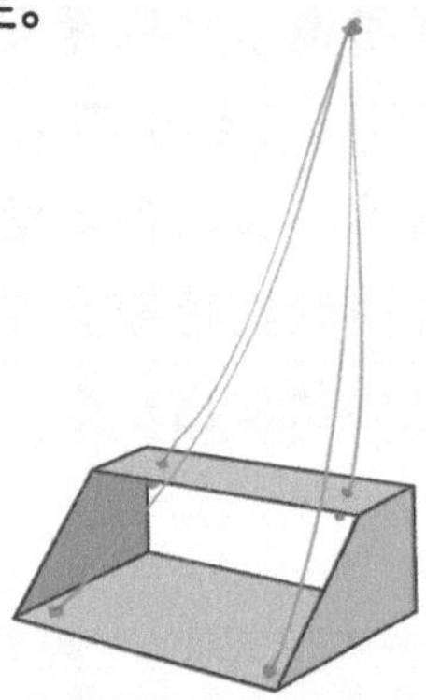

⑤ 将挂着升降机“轿厢”的棉线挂在吸管上，并用胶带固定棉线与吸管的接触点。

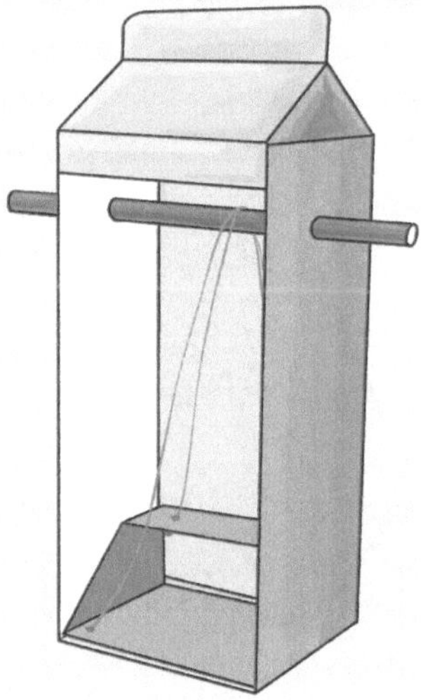

⑥ 转动吸管，吸管便会卷起棉线，使升降机“轿厢”上升；若反方向旋转吸管，便能使之下降。

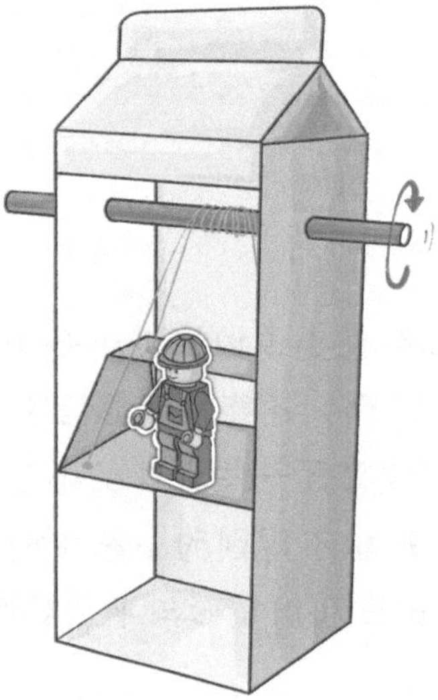

延伸与拓展

知识点：传动

我们做的迷你升降机利用的是传动原理中的绳传动。绳传动是靠紧绕在槽轮上的绳索与槽轮间的摩擦力来传递动力和运动的机械传动，是一种利用摩擦力的传动方式。

绳传动在日常生活中有很多应用，大大方便了人们的生活、提高了工作效率。你还能想到哪些利用绳传动的地方呢？提取井水的辘轳、纺纱织布的手摇纺车、方便我们上下高楼的电梯都有运用到绳传动的原理哦！

平衡艺术垒石

引 入

你有没有在小溪边捡过小石子呢？溪边通常会有很多各色各样被溪水冲刷得圆滑的鹅卵石，运气好的话，还能找到晶莹剔透的雨花石或其他外形独特、颜色漂亮的小石头。

当我们收集了一些喜欢的小石头后，除了把它们放在掌心欣赏外，你有没有尝试将他们垒起来呢？形状不规则的小石头们是不是很难垒在一起，垒不了几块就摇摇欲坠了？但是这次，我们要试试利用重心与平衡的原理，将小石头垒得高高的，并且尝试垒出一个“石头人”。

· 材料预备 ·

各种不同形状大小的石头

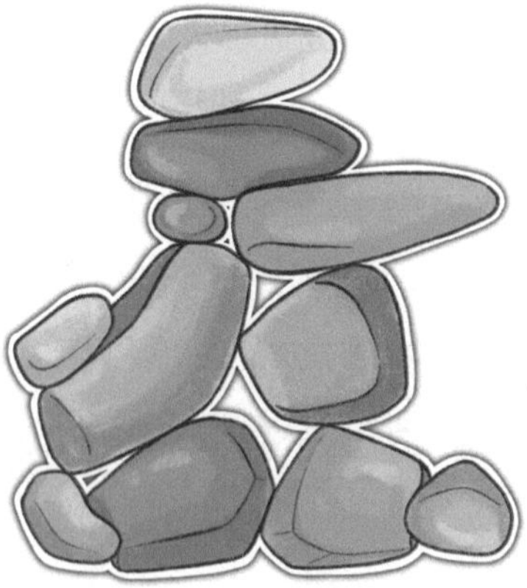

【步骤】

1 垒出“石头人”的腿部，尽量选择底部较宽大的石头以稳定重心。

② 垒出“石头人”的身体部分，可以选择不同大小的石头进行搭配。

③ 垒出“石头人”的肩膀和头部，可选用两块长条形石头作为肩膀和手臂，并同时放上头部石头以稳定重心。

延伸与拓展

知识点：重心与平衡

重心是一个物体质量分布的中心点，是使物体可以保持平衡的点。掌握住物体的重心就能维持物体的平衡。

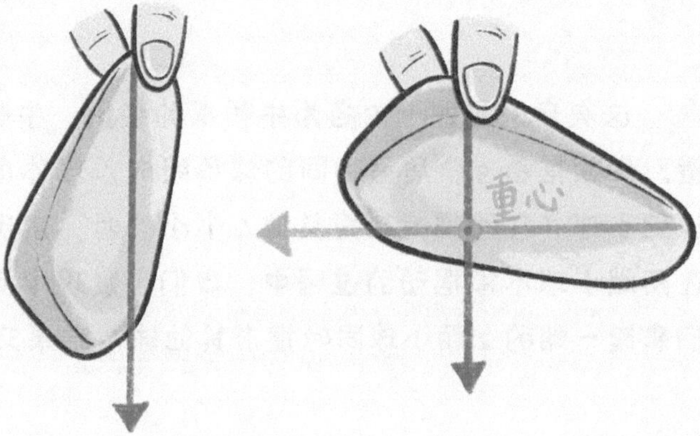

那么我们要如何来找到物体的重心呢？对质量均匀分布的物体，可以试试用线拴住物体的一角，将其提起，沿着线画出一条垂直线，再拴住这个物体的另一角，再画出一条垂直线，两条线相交的地方就是它的重心了。重心越低的物件越稳固，越容易保持平衡。

想一想：不倒翁为什么不会倒呢？

因为不倒翁头轻脚重，保持着很低的重心，就算有外力推动，重心也可以很容易回到原位，恢复稳定平衡。如果把它反过来，当它头重脚轻时，重心的位置变高，这时候就重心不稳，一碰就倒啦！

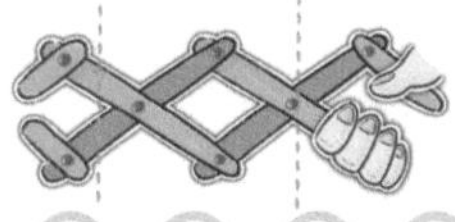

小球不停摆的牛顿摆

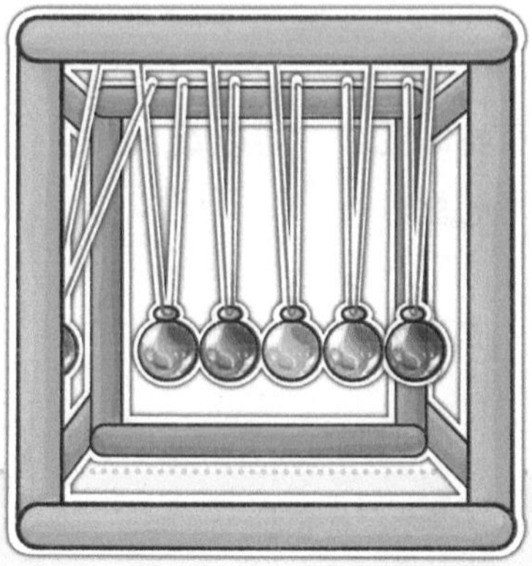

引 入

这次我们要做一个名为牛顿摆的装置。牛顿摆是一个 20 世纪 60 年代发明的桌面演示装置。牛顿摆由 5 个质量相同的球体组成，球体由吊绳固定，彼此紧密排列。当我们摆动最左边的小球并在回摆时碰撞其他 4 个小球时，发现只有最右边的小球会被弹出，反之亦然。而在两端小球不停摆动的过程中，我们会发现中间的几个球肖然不动，这是为什么呢？如果我们拿起一端的 2 颗小球同时撞击其他球，结果又会是怎样的呢？

·材料预备·

木棒、小球、吸管、棉线、万能胶、剪刀

【步骤】

❶ 用万能胶将 4 根木棒围搭固定成一个正方形。

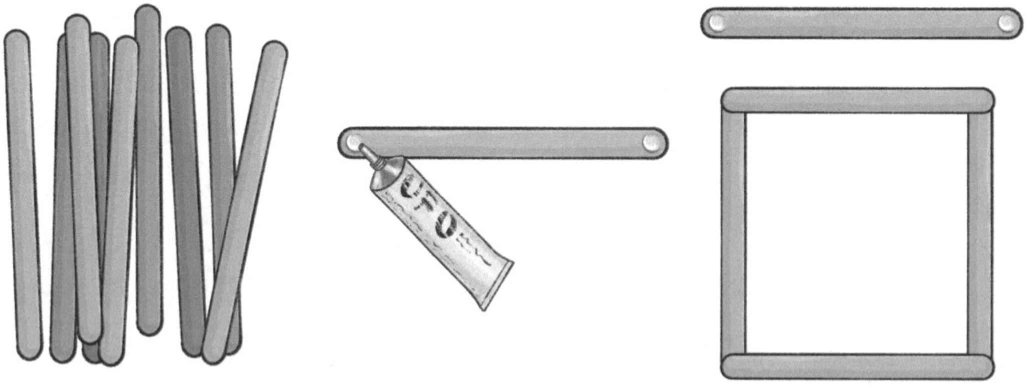

❷ 仿照上一步搭出第二个正方形。

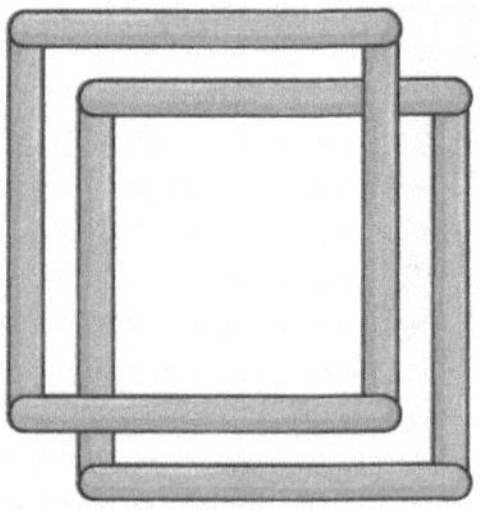

❸ 用四根木棒固定两个正方形，形成一个正方体。

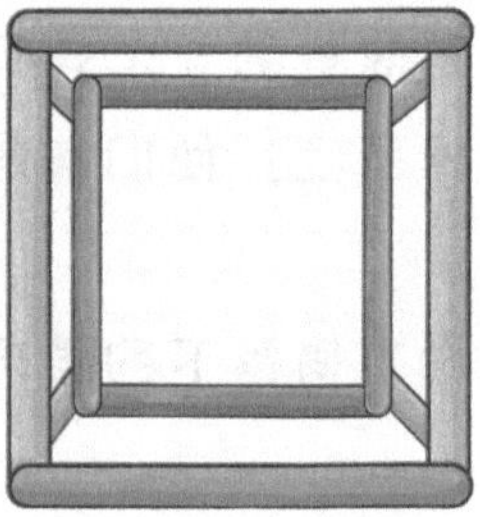

❹ 用剪刀将吸管剪成小段。

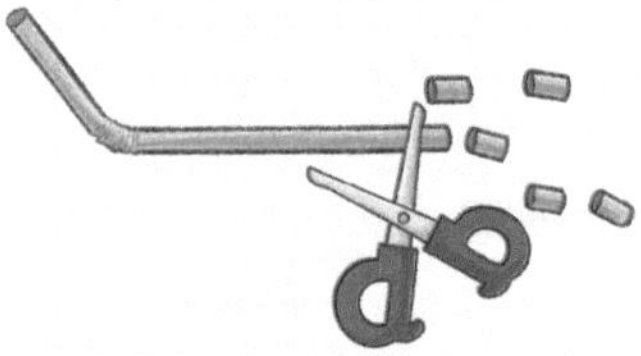

❺ 将小段吸管用万能胶粘在小球上面。

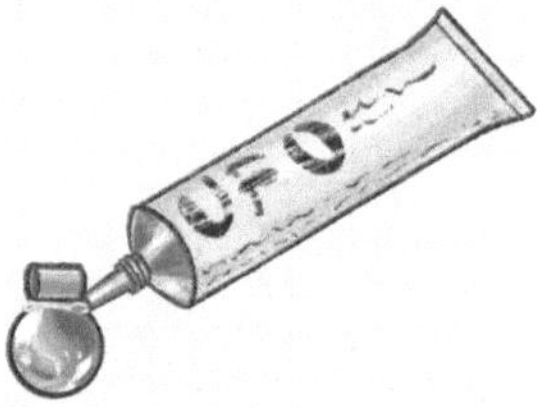

❻ 将棉线穿过小球上方的吸管。

❼ 将穿着小球的棉线，等距离固定在立方体上方。

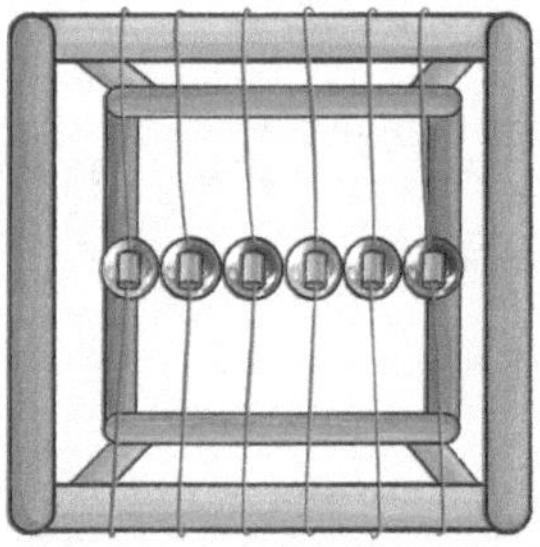

❽ 分别提起一侧的1个、2个、3个小球，让其自然回摆，看看会发生什么？

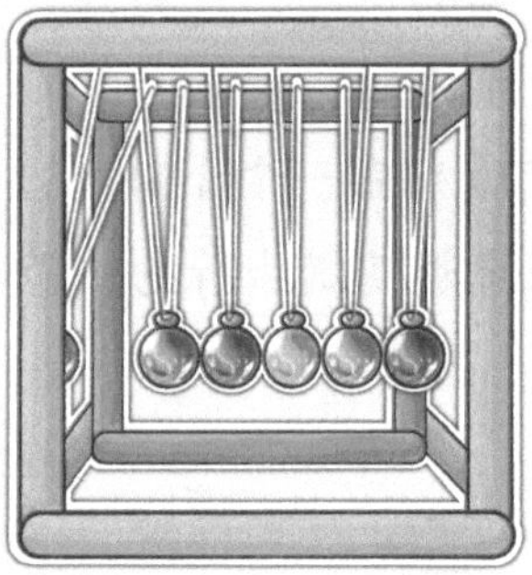

延伸与拓展

知识点：弹性碰撞

弹性碰撞是指碰撞前后整个系统动能不变的碰撞，也就是碰撞产生的动能没有转化成其他形式的能量。在理想状态下，小球只受到动能与重力的作用，球将永远摆动下去。但实际上，小球之间的碰撞并非理想的弹性碰撞，小球总会受到摩擦力的作用而产生能量损耗，所以最后小球还是会停下来。

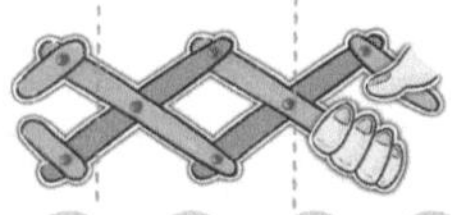

小球的过山车

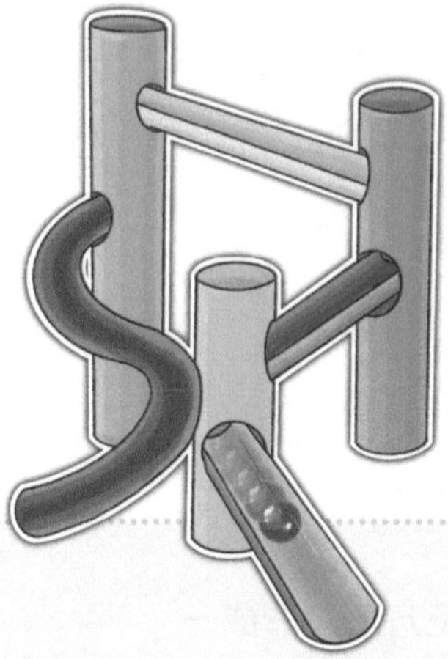

引 入

在三百多年前，有一位叫牛顿的物理学家，有一天，他正坐在花园的苹果树下休息，忽然，一颗苹果下落砸到了他。这颗苹果的偶然落地，却成了人类思想史的一个转折点，这颗苹果引起了牛顿的沉思：究竟为什么一切物体都会往地面的方向掉落呢？他们都是受到朝向地心方向的吸引力吗？

这次我们就来做一个小球的过山车，利用小球总是会向着地面方向落下的原理，以此为动力，让小球绕着蜿蜒曲折的轨道一路滑落下来吧！

材料预备

卷筒、剪刀、小球

【步骤】

1 将卷筒涂上喜欢的颜色，也可画上图案。

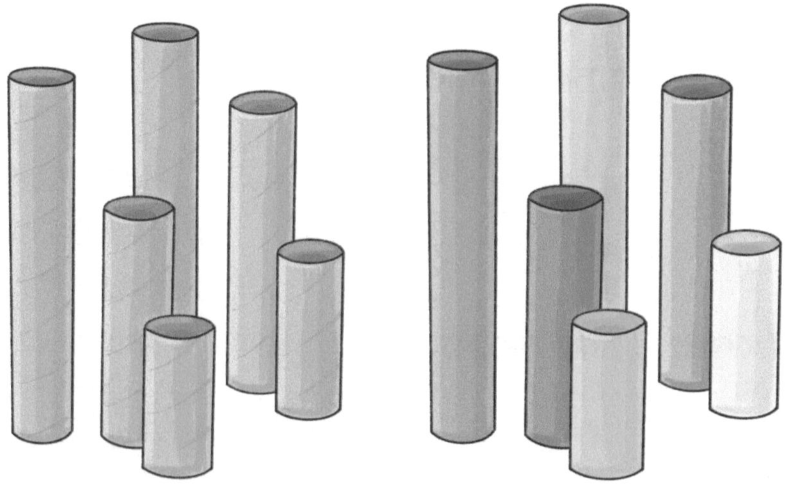

② 将卷筒剪出圆形镂空。

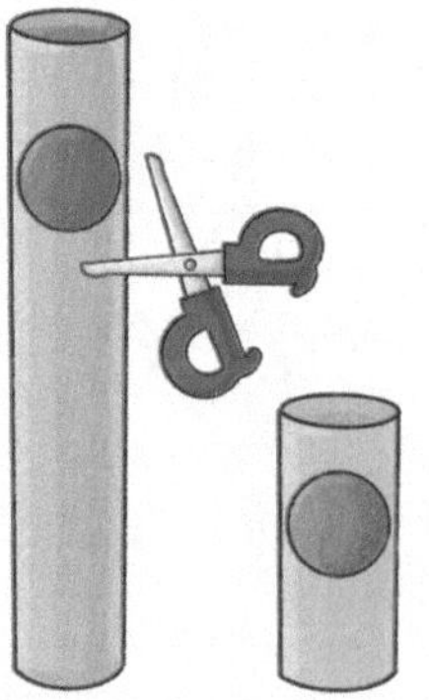

③ 将部分卷筒纵向对半剪开，形成轨道。

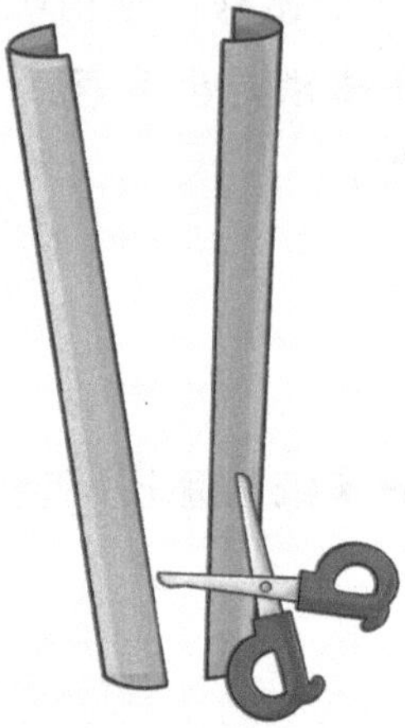

④ 将轨道穿过两个卷筒的镂空部位。

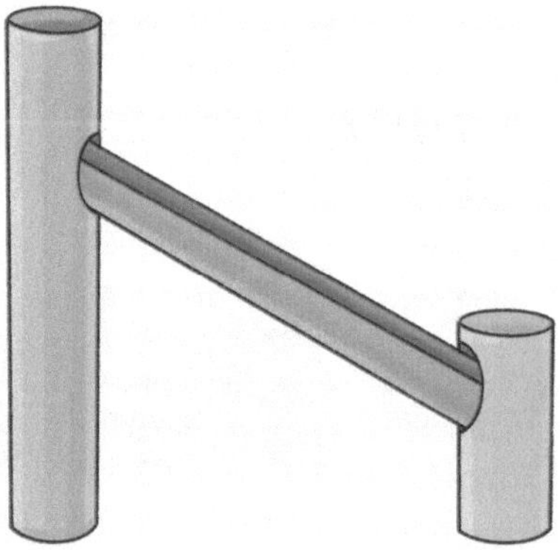

⑤ 根据自己的设计，组合多组卷筒和轨道，形成流畅的小球过山车。

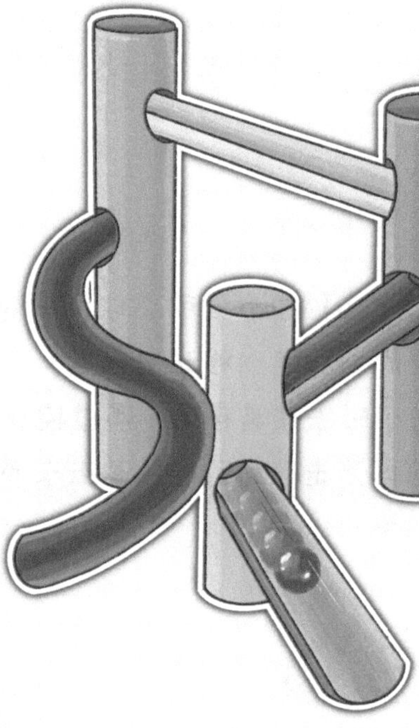

延伸与拓展

知识点：重力

物体由于地球的吸引而受到的力叫作重力，重力的施力物体是地球，重力的方向总是竖直向下的。

砸中牛顿的苹果正是受到由于地球对它的吸引而产生的重力，才会飞向地面而不是天空。在实验中，我们的小球也一样由于受到重力的作用而一路往下滚。

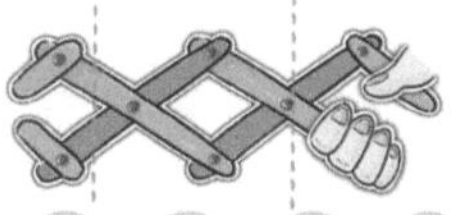

小球走迷宫

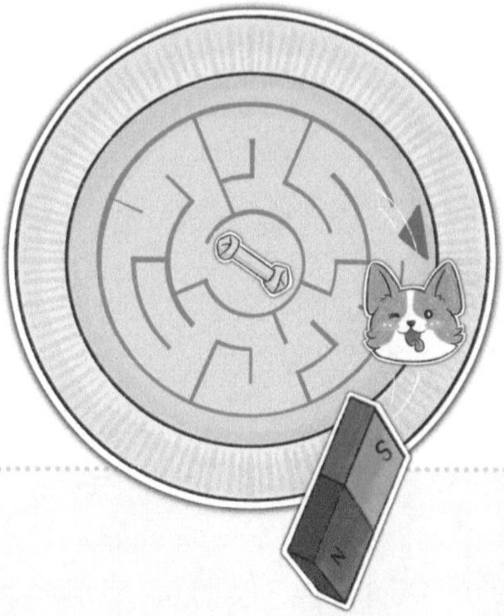

引 入

在上一个实验中我们的小球由于受重力的驱动而向下滚动，那有没有办法让物体在一个平面内按照规划的路线移动起来呢？在这个实验中，我们画了一个迷宫，使用吸铁石也就是磁铁来驱动小磁铁使其移动，通过控制力度和方向，就可以让小磁铁走出迷宫！

你还可以为走迷宫的磁铁画上卡通头像，让迷宫更有故事性！

·材料预备·

纸盘、卡纸、画笔、剪刀、磁铁片、条状磁铁、双面胶

【步骤】

❶ 在纸盘上画出迷宫。

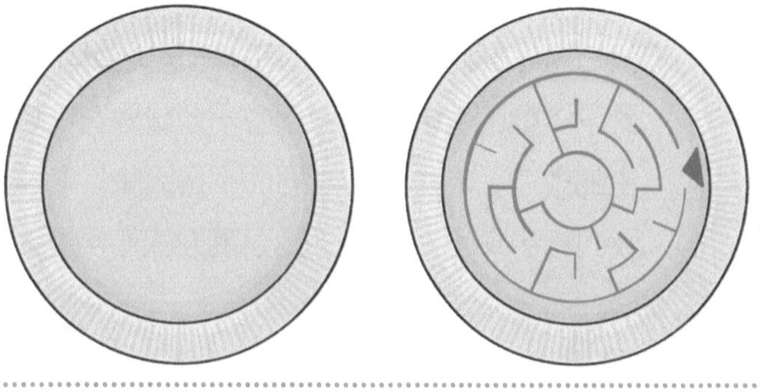

❷ 在卡纸上画出小狗和骨头，并剪下来。

❸ 准备圆形磁铁片及方便抓握的条状磁铁。

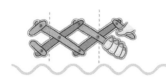

④ 将圆形磁铁片贴于小狗的背后，将骨头粘在纸盘的迷宫中间。

⑤ 将小狗放置在迷宫入口处，用磁铁同极驱赶小狗走完迷宫找到骨头，也可将磁铁置于纸盘底部，用异极相吸的方式，拖动小狗找到骨头。

延伸与拓展

知识点：磁铁

磁铁是一种可以吸引铁、钴、镍一类物质并产生磁场的物体。磁铁有南（S）北（N）两极，磁铁间有异极相吸，同极相斥的特性，也就是说当一块磁铁的 S 极碰上另一块磁铁的 N 极，它们便会受一股引力，紧紧贴在一起；相反，如果一块磁铁的 S 极碰上另一块磁铁的 S 极，它们便会受一股斥力，彼此远离。

在这个实验中我们可以利用磁铁异极相吸，同极相斥的特性，来给磁铁或铁球施加外力，使其运动起来。

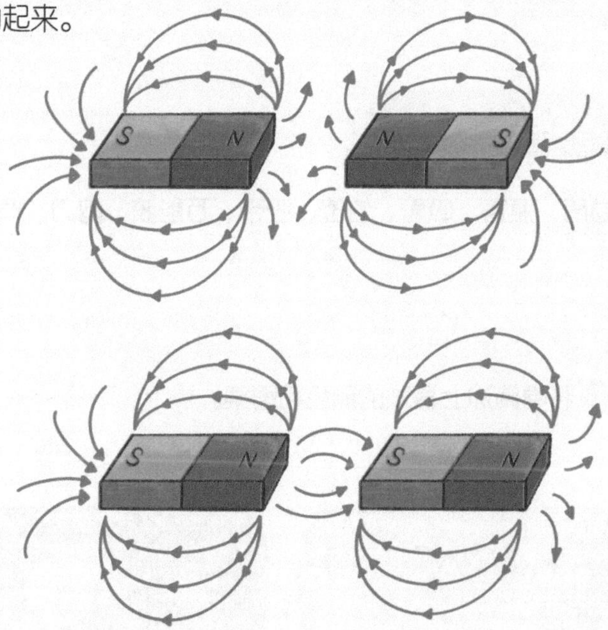

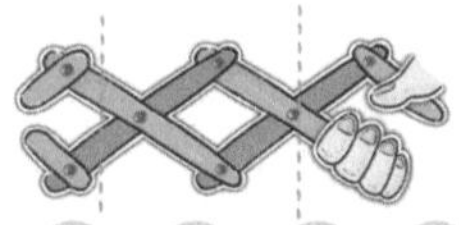

气球动力小车

引 入

你见过火箭发射的场景吗？火箭也叫喷进器，是一种利用排出物质制造反作用力前进的载具。在发射时，火箭底部会高速喷射出高压气体，以此推动火箭冲上云霄。

这次我们就根据火箭的原理做一台气球动力小车，以喷射的空气为动力，让我们的小车向前冲！

·材料预备·

卷筒、瓶盖、吸管、竹签、胶带、万能胶、剪刀、气球

【步骤】

❶ 将卷筒涂上喜欢的颜色和图案。

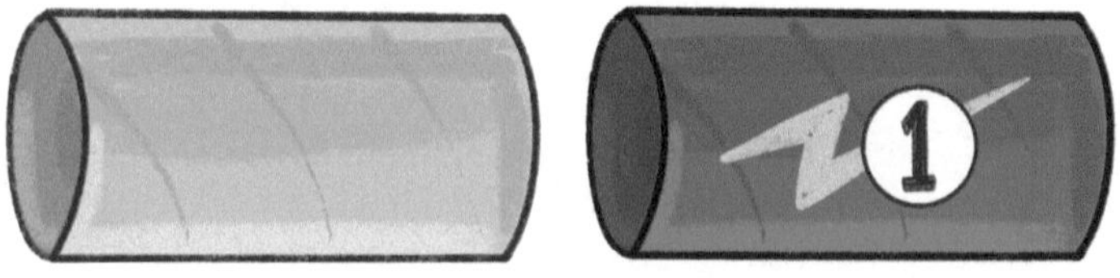

❷ 剪开卷筒上方并折叠作为小车的车窗，还可以在车窗上画出小车的“眼睛”。

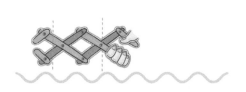

③ 用两根竹签平行穿过卷筒。

④ 在竹签两端插上瓶盖，并剪掉竹签多余的部分，涂上万能胶固定。

⑤ 将气球套在吸管的一端，并用胶带固定。

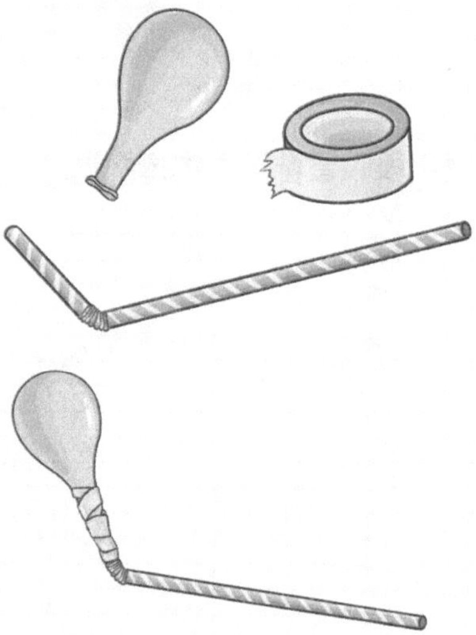

⑥ 将气球、吸管穿过小车，并用胶带将吸管固定在卷筒上方。

⑦ 用嘴通过吸管将气球吹大，并用拇指堵住吸管口。

⑧ 三！二！一！松开拇指，小车向前冲吧！

延伸与拓展

知识点：作用力与反作用力

在实验中我们发现，当松开吸管的口时，气球内的空气向后喷射，而小车则快速向前跑。这个过程中我们验证了经典力学中的牛顿第三运动定律。这个定律表明当两个物体相互作用时，彼此施加于对方的力，大小相等、方向相反。力是成双结对出现的，其中一个力我们称为“作用力”，而另一个力便被称为“反作用力”。

在实验中，气球放出的气体对气球本身产生了反作用力，使气球朝着喷气的反向冲去，同时带动了整辆小车的运动。

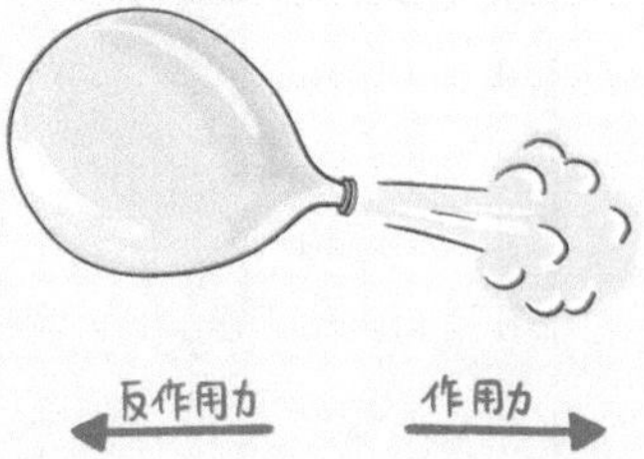

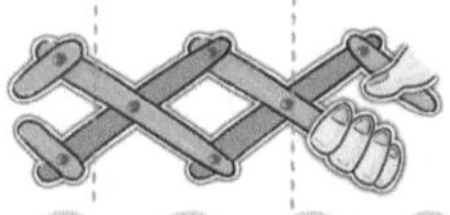

橡皮筋动力小车

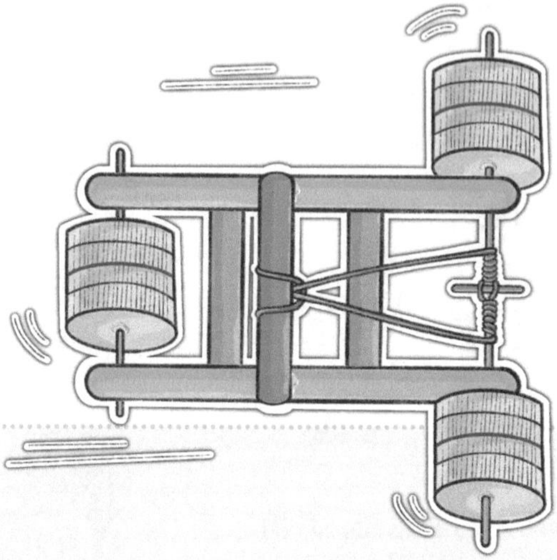

引 入

在上一个实验中，我们用充满气的气球作为小车的动力，这个实验我们给小车换一种动力来源，试试用橡皮筋的弹力来驱动小车，看看到底哪辆小车能跑得更快呢？让我们来一场刺激的赛车大赛吧！

· 材料预备 ·

木棒、吸管、竹签、瓶盖、胶带、橡皮筋、万能胶、剪刀

【步骤】

1. 将两条短木棒粘于两条长木棒之上。

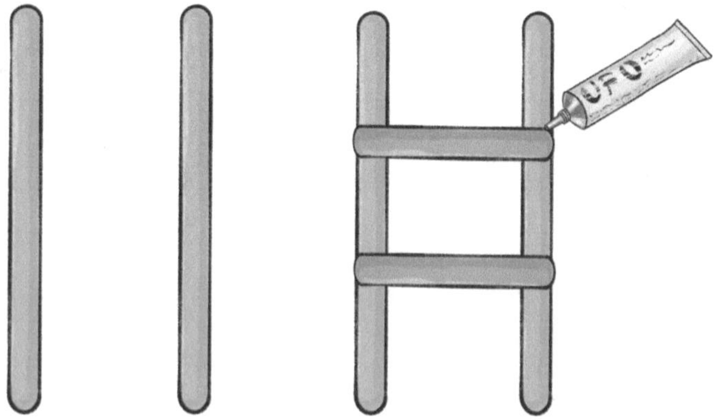

2. 将吸管剪出 4 个小段。

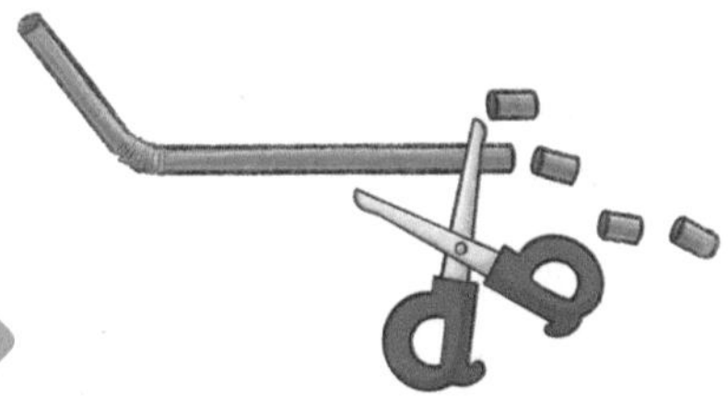

3. 将小段吸管粘于长木棒两端。

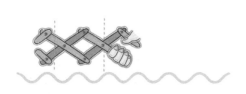

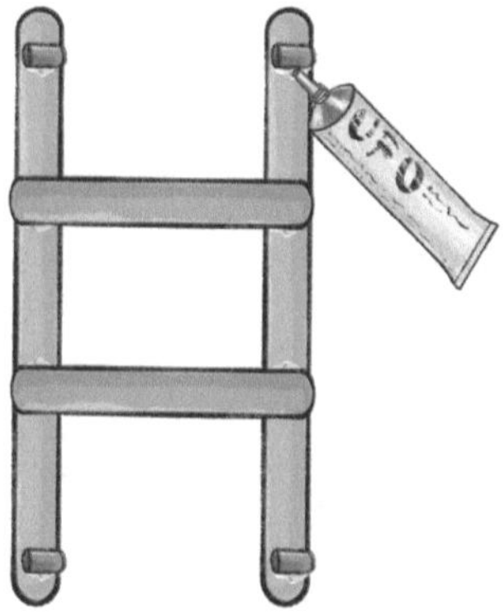

④ 将瓶盖两两相扣，用胶带粘在一起。

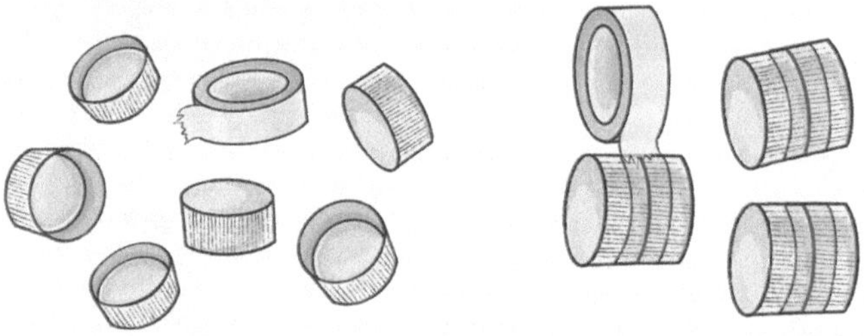

⑤ 用竹签穿过吸管和瓶盖，并用万能胶固定连接处。

⑥ 将小车翻转过来，将一短木棒粘于图示处。

⑦ 剪一小段竹签，用万能胶粘在小车后车轴中间，如图所示。

⑧ 将橡皮筋绕过中间红色的木棒，并拉至后车轴上的小竹签处固定。

⑨ 转动后车轴上的小竹签，将橡皮筋卷入多层，并按住小车。

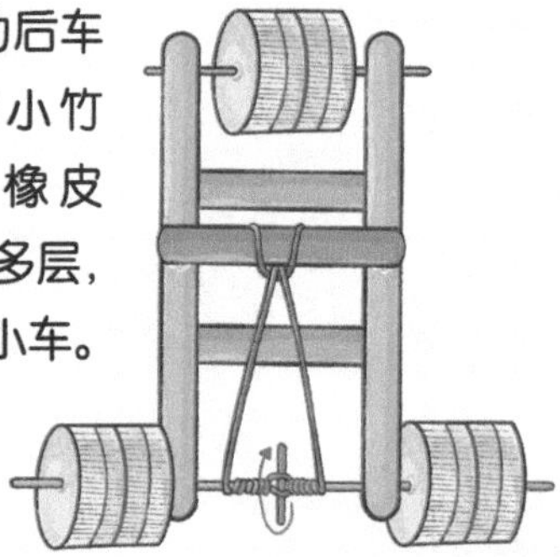

⑩ “三！二！一！松手！”橡皮筋快速回弹，带动后车轴转动，小车飞速向前跑去！

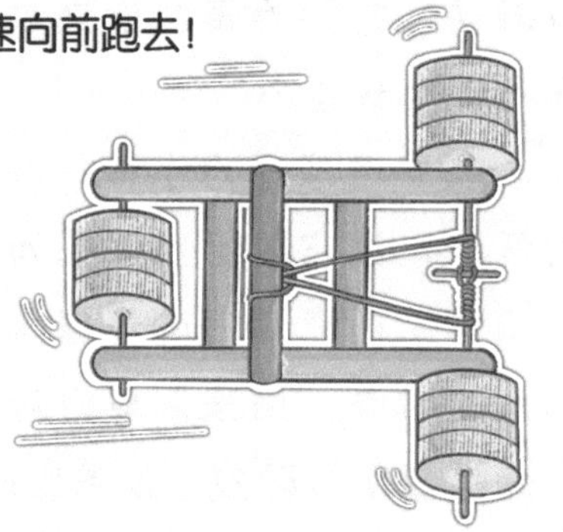

延伸与拓展

知识点：弹性形变

橡皮筋在外力的作用下，发生形变，被拉长了很多。当我们放手，外力撤销之后，橡皮筋便快速地恢复到原来的长度，这样的形变叫作弹性形变，此时产生的作用力为弹力。

橡皮筋在恢复原来长度的同时，带动后车轴快速转动，为小车提供了前进的动力。

想一想在日常生活中你还利用过哪些弹性形变的物体呢？

弹力飞球

引 入

气球是一种天生带有愉悦感的东西，它五颜六色、它随风飘动、它能为聚会带来欢乐的气氛、它还可以在小丑手中随意变换造型……

在“气球动力小车”这个实验中，我们用了一只充满气的气球，让它放出空气作为动力让小车跑起来。其实，我们不仅可以用充满气的气球作为动力源，泄气的气球皮也可以作为动力源，用来制成好玩的小玩具。这次我们就利用气球皮的弹力作为动力，来弹出小球！

· 材料预备 ·

一次性水杯、剪刀、气球皮、乒乓球

【步骤】

❶ 将一次性水杯对半剪开。

❷ 将气球皮末端打结。

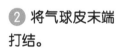

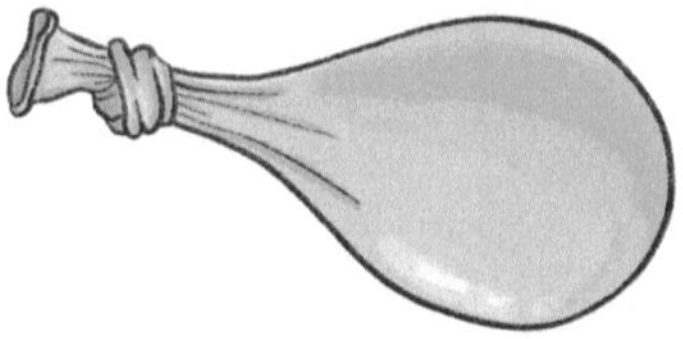

③ 将气球皮头部剪开。

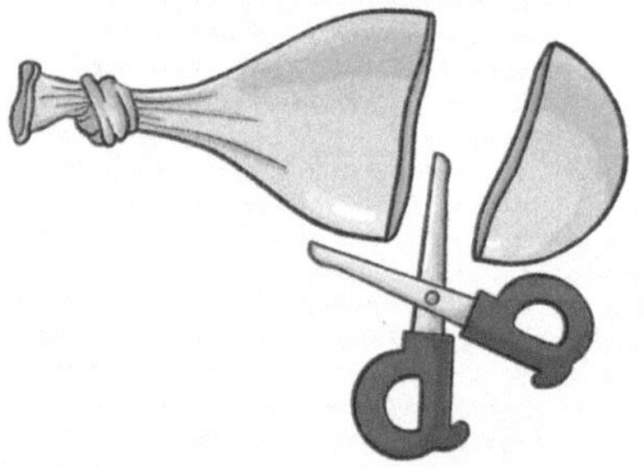

④ 将气球皮撑开后套在水杯被剪开的一端。

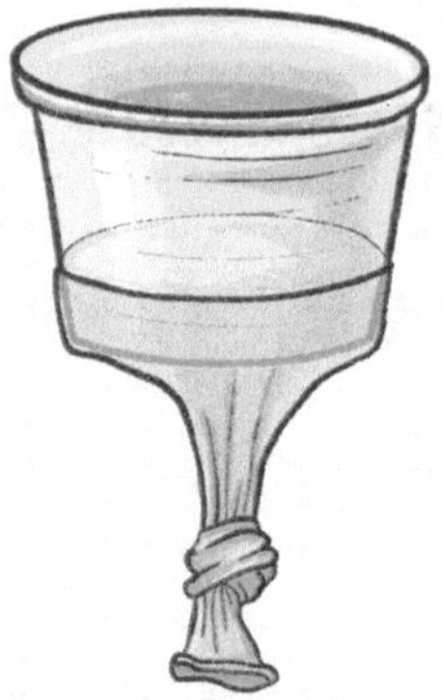

⑤ 将乒乓球放入其中。

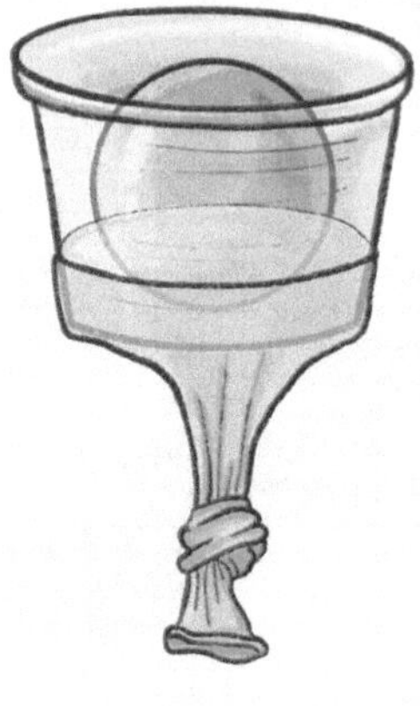

⑥ 将气球皮末端向下拉。

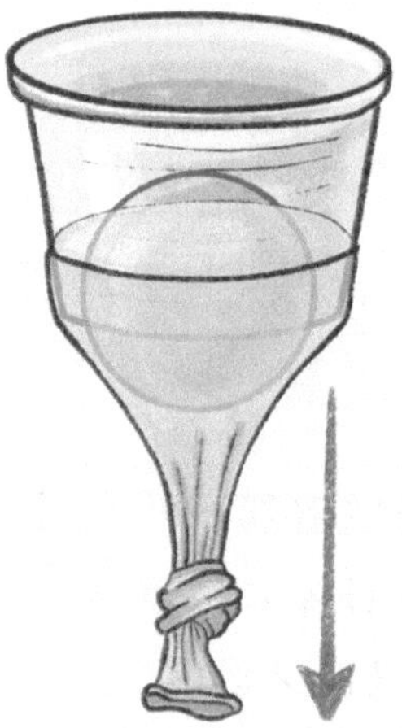

⑦ 松手，将小球弹出。

延伸与拓展

知识点：弹力

为什么气球皮能弹起小球呢？因为气球皮是用有弹性的橡胶材料做的，所以和橡皮筋一样有很强的弹性。当我们拉紧气球皮时产生弹力，松手时，气球皮就能将小球弹出来。

弹力也称弹性力，是指物体受外力作用发生形变后，若撤去外力，物体能恢复原来形状的能力。弹力的方向跟使物体产生形变的外力的方向相反。

你可以试着使用不同的力度和弹射角度，看看都会发生哪些变化。一起来探索将小球弹得又高又远的方法吧！

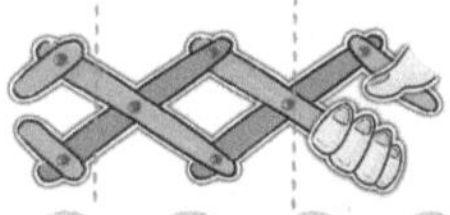

投球弹射器

引 入

你知道古代的战争都用什么来做武器吗？在没有子弹、炮弹的时代，人们常常用石头来做武器，那怎样才能更省力地将大石块扔得又高又远呢？

聪明的战士们设计了投石器，也叫弹射器，来帮助他们在攻夺城池时更轻松地将大石块投进敌方的城墙内，以造成破坏，同时它也可以用来阻挡敌方的袭击。

这次我们就来模拟制作一个迷你的弹射器，还可以为它搭配一个篮筐，来体验一下定点投射！

·材料预备·

木棒、瓶盖、橡皮筋、小球、万能胶

【步骤】

1 将 5 ~ 8 根木棒叠起，并用橡皮筋固定两端。

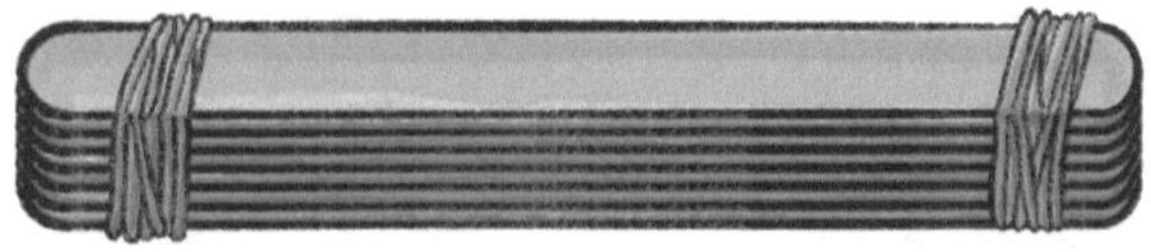

2 固定另外两根木棒的一端，另一端张开，穿过上一步骤中固定好的木棒组，用橡皮筋对它们进行交叉固定。

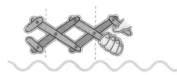

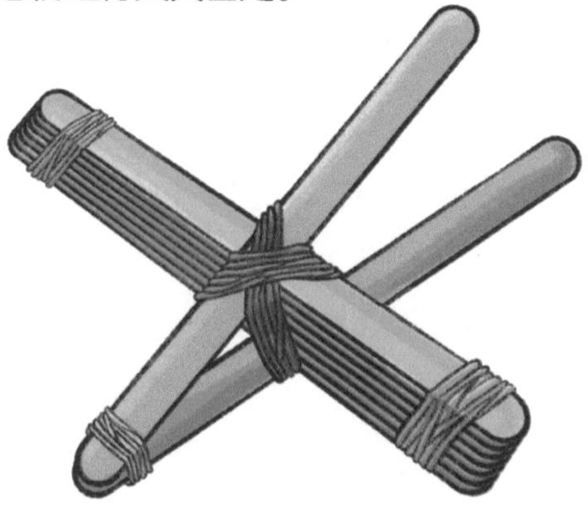

③ 将瓶盖用万能胶粘在开口木棒的一端。

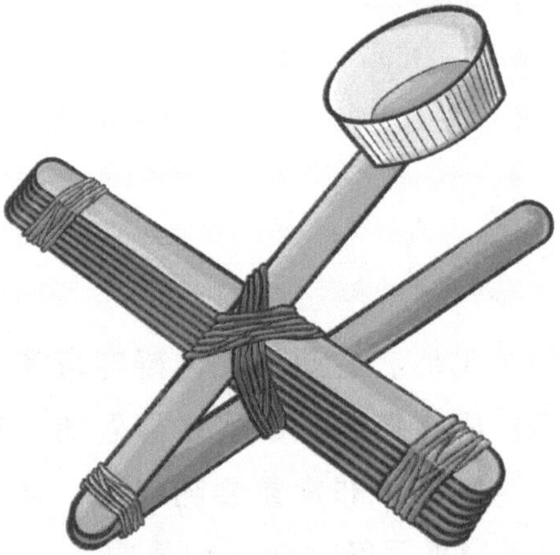

④ 在瓶盖内放入小球，下压瓶盖后松手，弹出小球。

延伸与拓展

知识点：抛物

这次制作的弹射器是通过橡皮筋的弹性产生动力，从而发射小球。

在发射小球时，你会不会觉得想要命中篮筐并不容易呢？小球常常不受控制，它的运动并不会沿着我们瞄准的方向，直直地飞过去。

我们可以观察一下小球弹出后在空中的曲线，这条曲线叫作抛物线。抛出小球后，在落地之前，小球同时具备两种运动：一种运动是由弹射器的弹力给出的有一定初速度的沿水平方向的匀速直线运动；另一种运动则是受到重力的作用垂直下落的加速运动，这两种运动结合在一起就让小球的运动轨迹形成了一条抛物线。

掌握了小球抛物线的运动路径，我们就可以通过调整弹射的角度和力度来控制小球落地的范围了。

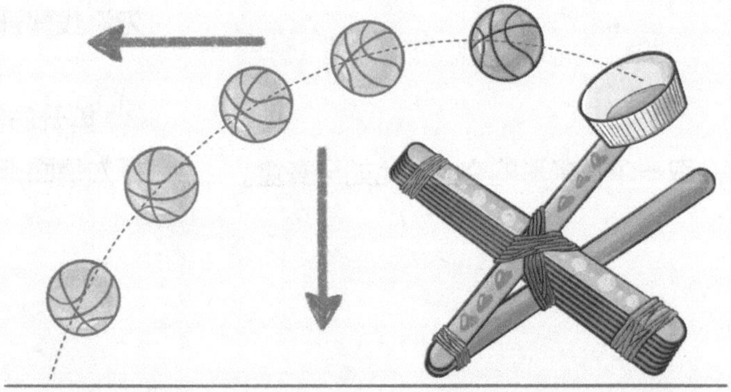

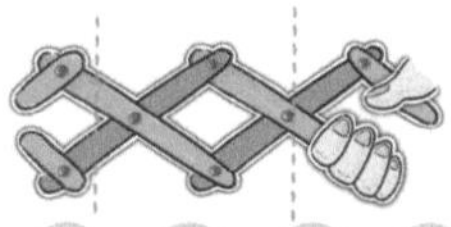

暗中观察的潜望镜

引 入

这次，我们要来做一个和小朋友玩捉迷藏时非常好用的小工具。它可以让你躲在桌子底下就可以看到桌面上面；躲在房间里面就可以看到房间外面；躲在墙的左侧可以看到墙的右侧。怎么样，是不是很厉害呢？这个工具就是潜望镜，它是潜水艇中非常重要的仪器，当潜水艇完全潜入水面以下时，潜水艇内部的人员就需要依靠潜望镜来了解水面上的情况。

下面我们就来动手做一个简易的潜望镜吧！

·材料预备·

牙膏盒、剪刀、镜面卡纸、双面胶、彩色卡纸、画笔

【步骤】

1. 取一个长条形的空盒，比如牙膏盒。

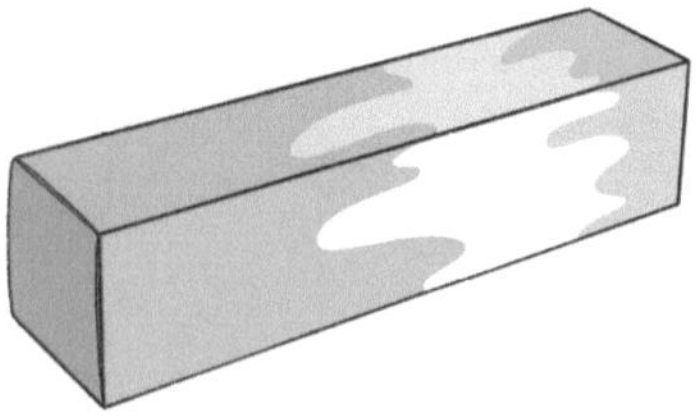

2. 如图，量取盒子的高度，沿盒子横向量取相同的长度，连接两点，在盒子两侧形成一个等腰直角三角形，用剪刀沿线剪开。

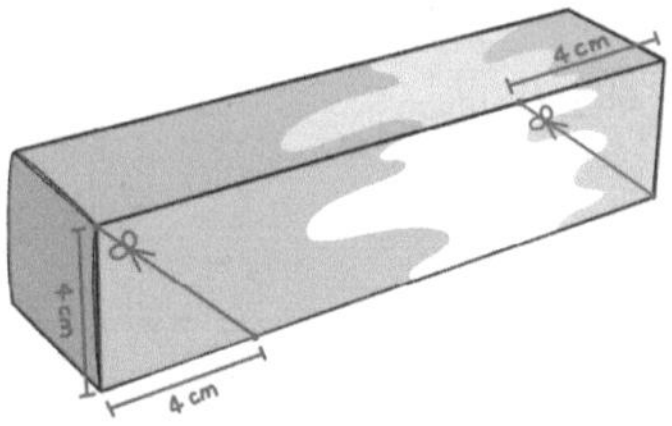

3. 剪开后量出 x 的长度作为镜面卡纸的长，量出 y 的长度作为镜面卡纸的宽，裁剪出一块长为 x 宽为 y 的镜面卡纸。

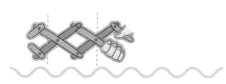

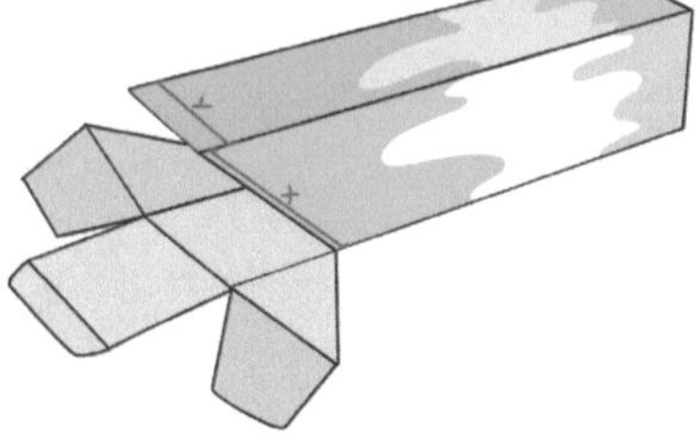

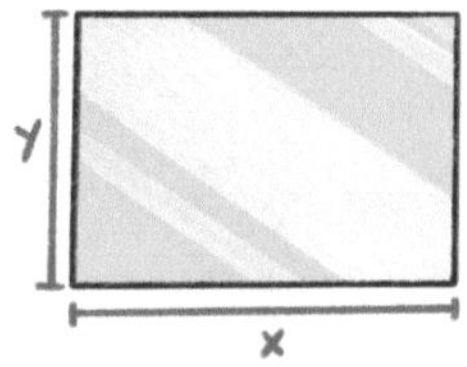

④ 将镜面卡纸贴在盒子的开口处，如图所示。

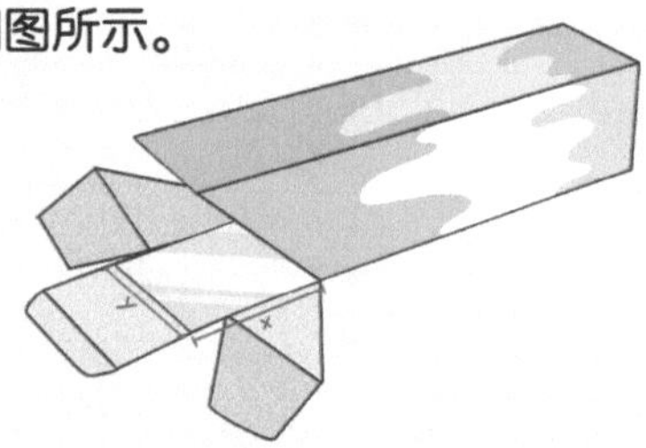

⑤ 在盒子上方剪出窗口。

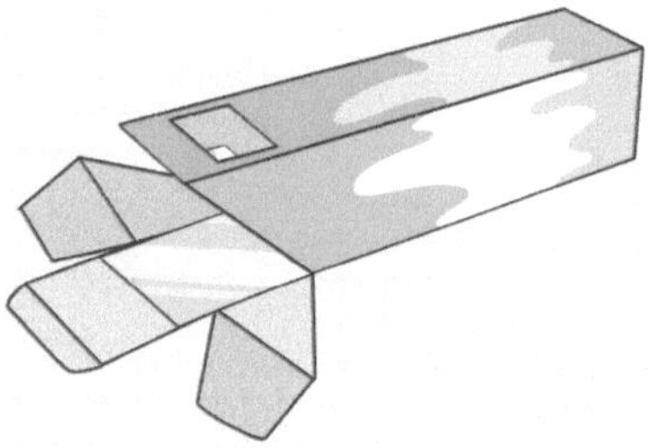

⑥ 将开口部分向上合起，左右两侧贴在盒子两侧，并剪除多余的部分。

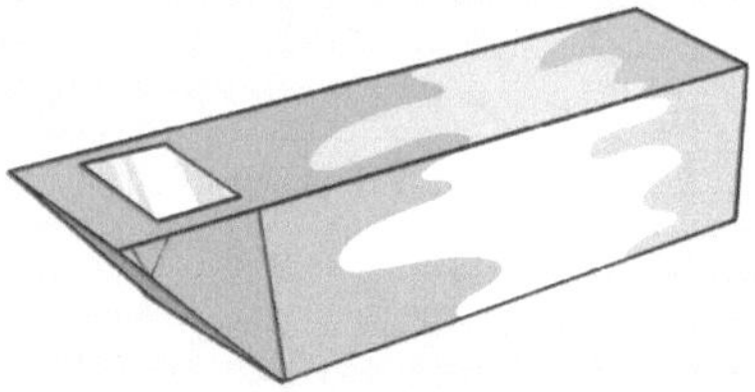

⑦ 在盒子另一侧使用同样的方法贴上镜面、剪出窗口。

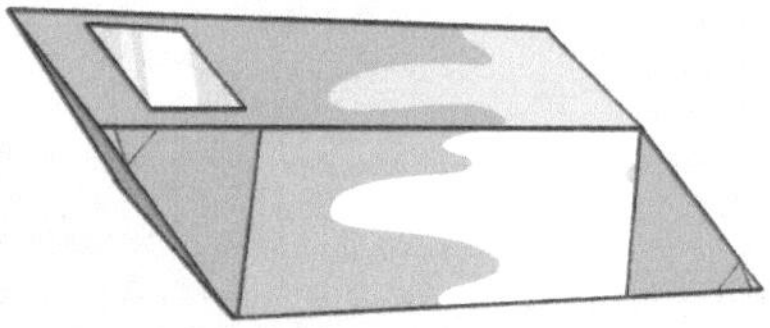

⑧ 可以在盒子外面贴上彩纸，画上好玩的卡通图案。

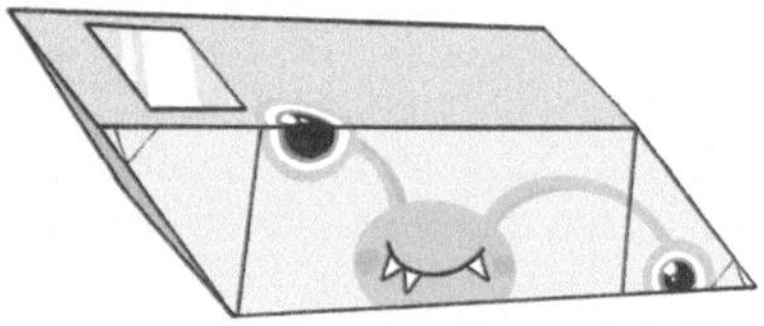

⑨ 快试试用潜望镜来观察周围的世界吧！

延伸与拓展

知识点：光线的反射

潜望镜的原理是利用两个平面镜反射光线，使物体的光线经两次反射后折射到观察者的眼中。

我们可以利用潜望镜躲在下方来观察上方的物体。之所以我们能观察到原本在视线之外的地方，是因为其中的两块镜面互相平行，而且与竖直方向成 45 度角，上方物体的光线可以经过镜面的两次反射进入人眼，实现我们想要看视野之外事物的目的。

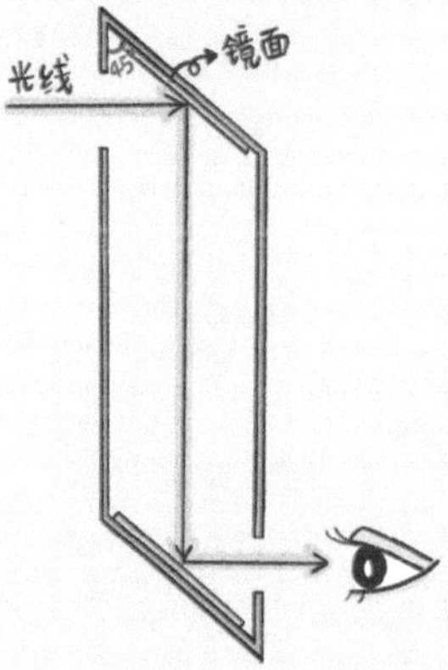

SHUFANG
SHIYANSHI

书房实验室

书房实验室

神奇的蜡笔水彩画

引 入

这次我们要来玩一个“小魔术”，在一张白纸上涂满水彩颜料，纸上就会出现美丽的海底世界，有水母、小鱼和珊瑚等。这是怎么回事？你们想知道并且学会这个“小魔术”吗？现在就拿出我们的蜡笔、水彩颜料和白纸，来试试看吧！

·材料预备·

蜡笔（油画棒）、水彩颜料、水彩画笔、白纸

【步骤】

① 用白色蜡笔在白纸上画出各种海洋生物。

② 涂上用水调和稀释后的水彩颜料。

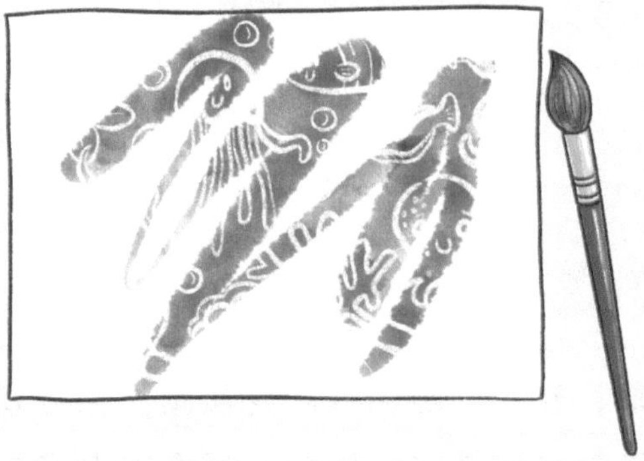

③ 美丽的海底世界出现啦！

④ 你还可以用同样的方法尝试画出不同主题的水彩画！

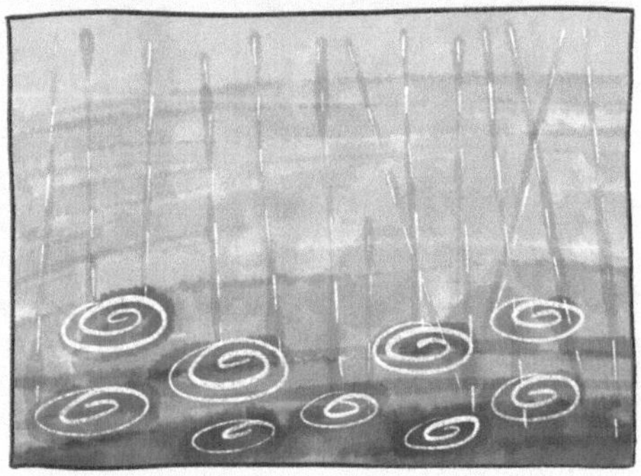

延伸与拓展

知识点：水油分离

油性蜡笔也叫油画棒，是由油和蜡做成的，这两种原料都不溶于水，而水彩颜料是用水来调和的、可溶于水。当水彩颜料涂在蜡笔画过的地方时，并不会使蜡笔颜料溶解，也不会盖过它的颜色，而是被油蜡排斥。所以当画面覆盖上水彩颜料的同时，也完整地保留了蜡笔的痕迹和色彩。

我们可以使用这种方法，来尝试创作其他主题的绘画作品，比如下雨天的雨滴、冬日里的雪花、夜晚的星星、毛线帽的纹路等。

喷壶喷出的抽象画

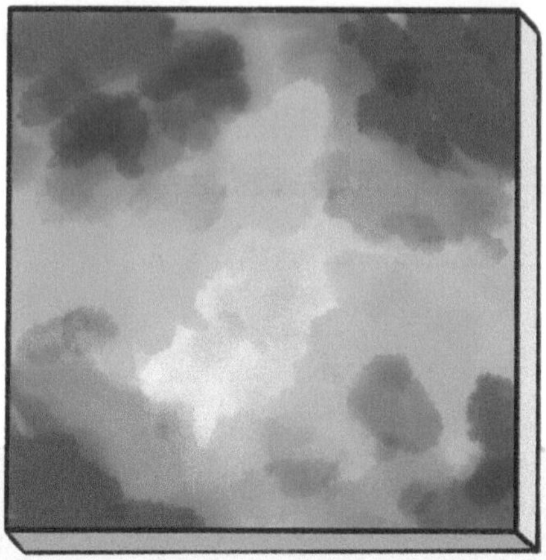

引　入

当我们去博物馆看画展时，会发现很多吸引人眼球，让人印象深刻的抽象画。抽象画的画面上并没有被具体描绘的事物，只有用色彩和肌理来创作和表达的图形。画面上没有具体的内容，因此不同的人会解读出不同的情景和情绪，就像一千个读者心中有一千个哈姆雷特。

其实创作抽象画并没有那么遥不可及，我们在家用最简单的工具也可以快速创作出一幅抽象画来！

·材料预备·

油性马克笔、喷壶（或滴管等）、酒精

【步骤】

❶ 用油性马克笔在画布上随意涂画出一些颜色和形状。

② 用装有酒精的喷壶喷湿画面，或用滴管之类的工具在画面局部滴入酒精。

③ 静待片刻，马克笔的痕迹便会开始相互融合，形成独一无二的画面肌理。

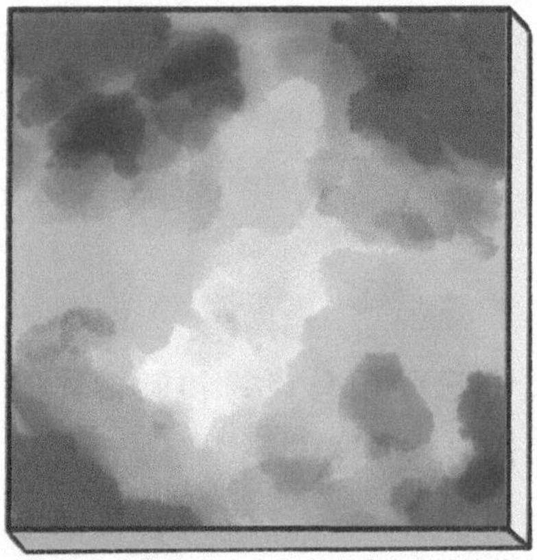

延伸与拓展

知识点：颜料与溶剂

我们已经知道了油不溶于水，那平时的一些油性颜料要如何去调和与溶解呢？这里介绍一种很好的溶剂——酒精，它可以溶解很多物质，我们常用的油性马克笔的颜料就是使用酒精作为溶剂来调和的。

我们知道了酒精可以溶解油性颜料后，在生活中还可以如何运用酒精呢？

这里有一个生活小妙招：如果我们不小心把油性笔画到了衣服上，用水洗不掉，这时就可以尝试用酒精来溶解污渍。

随机的艺术——流体画

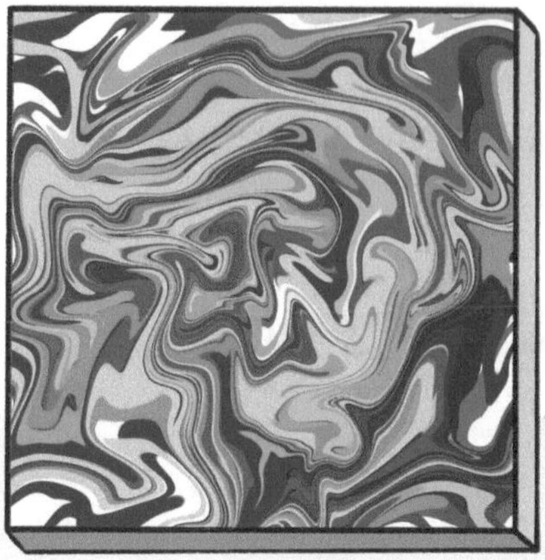

引　入

我们已经用马克笔和酒精体验了一回“艺术家”的滋味，下面再来试试更加梦幻、独一无二的流体画吧！

流体画是一种将混合颜料倾倒在画布上，任其自由流淌而形成的艺术作品。各种不可控因素造就了画面的独一无二，它的魅力就在于不可预测性和不可复制性。

下面就请“小艺术家”们动手来给自己的家添一幅独特的流体装饰画吧！

·材料预备·

丙烯颜料、硅油、油画框、一次性水杯

【步骤】

❶ 将不同颜色的丙烯颜料稀释成流动状后倒入同一个纸杯中，并滴入几滴硅油。

② 将水杯中的颜料晃动着倒在画布上，或直接倒扣在画布上并缓缓抬起水杯，让颜料流淌在画布上。

③ 举起画框分别向四边倾斜，让颜料流过每一寸画布。你可以根据喜好自行控制颜料的走向，必要时可用吹风机辅助颜料的流动。

④ 将画框平放，静置至颜料风干。

延伸与拓展

知识点：流体

流体，是与固体相对应的一种物体形态，是液体和气体的统称，由大量的、不断地做热运动而且无固定平衡位置的分子构成。流体的基本特征是没有固定的形状并且具有易流动性、可压缩性和黏性。这个实验中用到的颜料就是一种流体。做了几次流体画后我们来思考一下：每一次做流体画，颜料流动的速度一样吗？如果不一样的话，请思考为什么不一样呢？我们可以采用哪些措施来影响颜料的流动速度呢？

（如果没有丙烯颜料，你也可用用调和后的其他颜料加胶水代替。加入硅油是为了用硅油的疏水性来形成画面中的气泡效果，你也可以用洗洁精代替。）

万花筒中的小世界

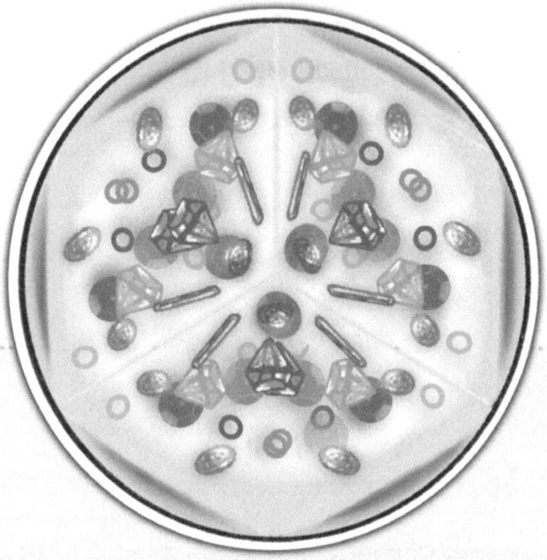

引　入

你知道万花筒吗？只通过几颗彩色的小珠子和几面镜子就可以变幻出成千上万种不同的图案，这就是万花筒。万花筒是一种奇妙的光学玩具，只要我们往筒眼里一看，就会看到斑斓的图案，轻轻将它转动一下，又会出现另一种图案，这些图案色彩缤纷，就像美丽的花一样，所以叫作“万花筒”。接下来我们就一起制作一个万花筒吧！

·材料预备·

镜面卡纸、卷筒、一次性水杯、彩色小珠子、胶带、彩色卡纸、剪刀

【步骤】

① 将镜面卡纸折成三棱柱状，并用胶带固定。

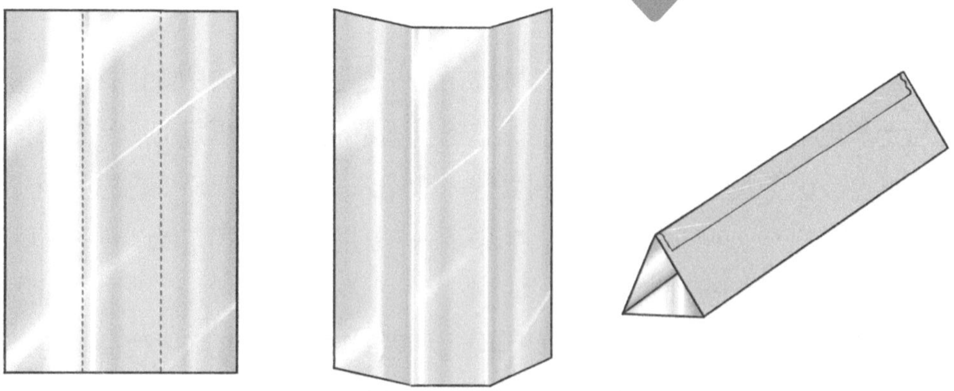

② 将三棱柱放置于卷筒中。

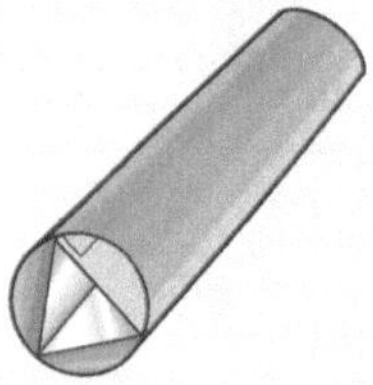

③ 将卷筒一端用一个有孔的圆形纸片封住。

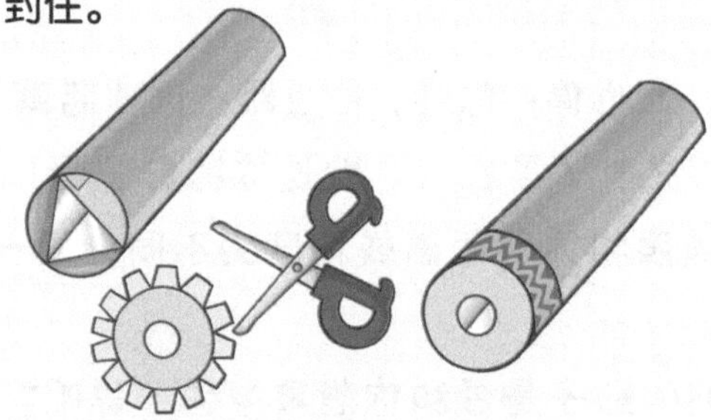

④ 将两个透明的一次性杯子沿距离底部三分之一处剪开。

⑤ 将一把彩色小珠子放到其中一个杯子里，并将另一个杯子放到上方盖住。

⑥ 将叠在一起的杯子套住卷筒的另一端，并用胶带封住。

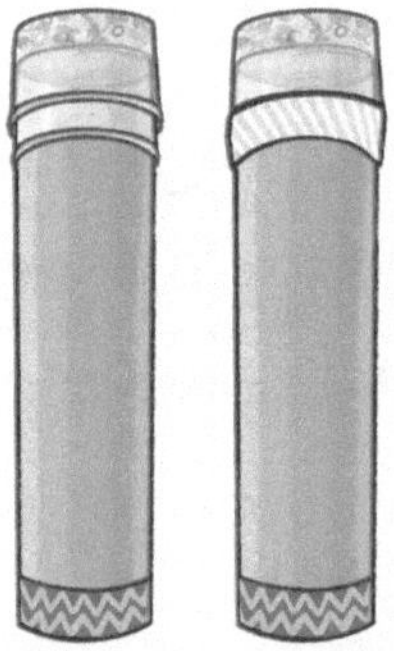

⑦ 手持万花筒，对着光从圆孔中望过去，并缓缓转动圆筒，就能发现万花筒中千变万化的小世界啦！

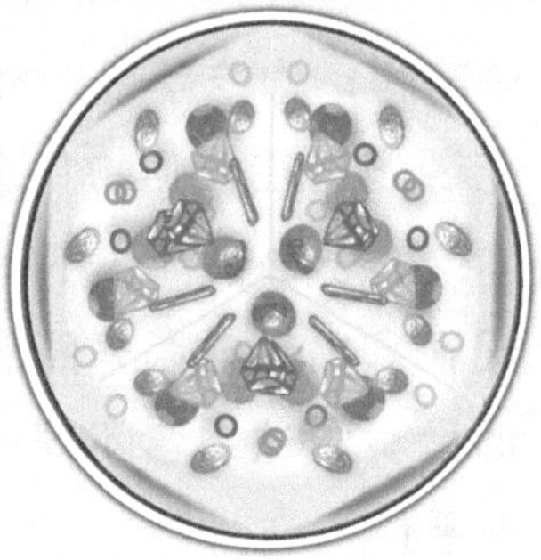

延伸与拓展

知识点：镜面反射

镜面反射是一种光学现象，当平行光线射到光滑的镜子表面上时，反射的光线也是平行的，这种反射就叫作镜面反射。万花筒成像的原理在于光的反射，彩色的小珠子的光线经过 3 个镜面的来回反射，便会出现对称的千变万化的图案，看上去就像一朵朵盛开的花。

万花筒的内部除了我们做的三镜结构（由 3 个镜面组成三棱柱）外，你还可以尝试二镜结构（由 2 个镜面，1 个非镜面组成三棱柱）、四镜结构（由 4 个镜面组成四棱柱）等其他结构，看看会产生哪些变化呢？

给影子画个涂鸦

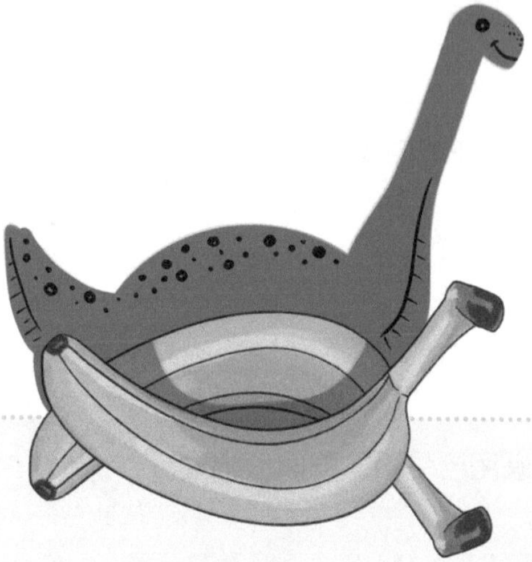

引 入

有个“黑衣人”，常常跟着你，你走，他也走；你停，他也停；你跳，他也跳；你伸胳膊，他也伸胳膊；你吃苹果，他也吃苹果。你知道他是谁吗？这个“黑衣人”就是你的影子呀！

光源照射在任何物体上都会产生影子，随着光源与被照物体的距离或角度的不同，同一个物体的影子也会产生不同的变化，或长或短，或实或虚……

现在拿出手电筒来照照家里不同的物体吧，看看它们的影子是否和你想象中的一样呢？

然后再尝试组合不同的物体，来看看它们的影子能让你产生怎样的联想？一起拿出纸笔画下来吧！

· 材料预备 ·

手电筒、白纸、画笔、香蕉或其他物体

【步骤】

1 取两根香蕉或其他水果。

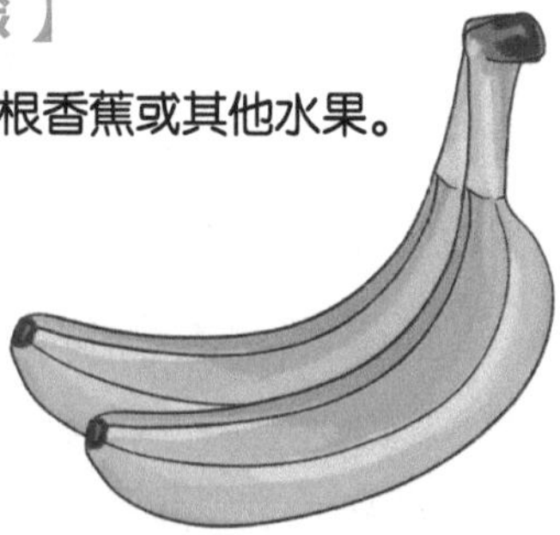

2 将两根香蕉在白纸上摆出造型。

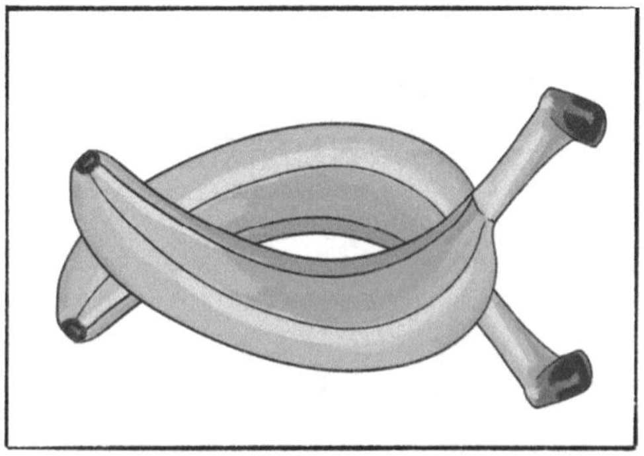

③ 用手电筒照射这组香蕉。

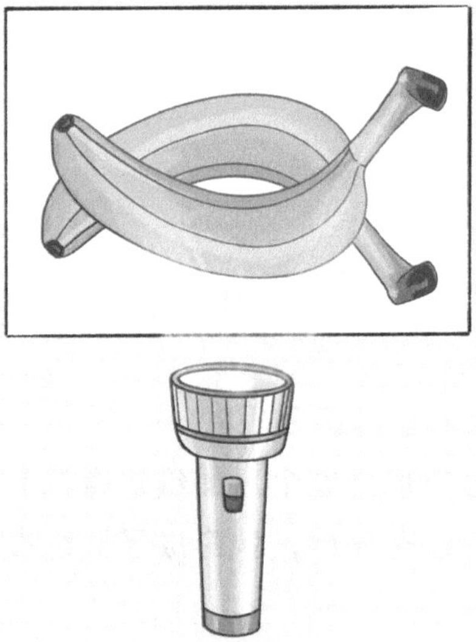

④ 通过调整手电筒的高低远近来观察影子大小和形状的变化，并找出一个让你有灵感的影子形状。

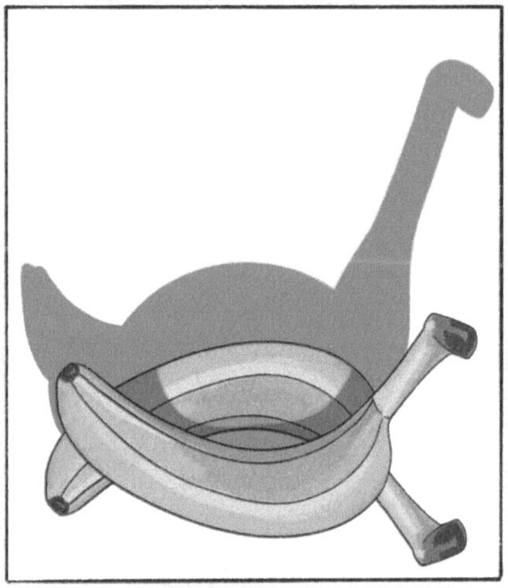

⑤ 根据影子的外形进行联想，并拿出笔在影子上涂鸦，最后可拍照留档。

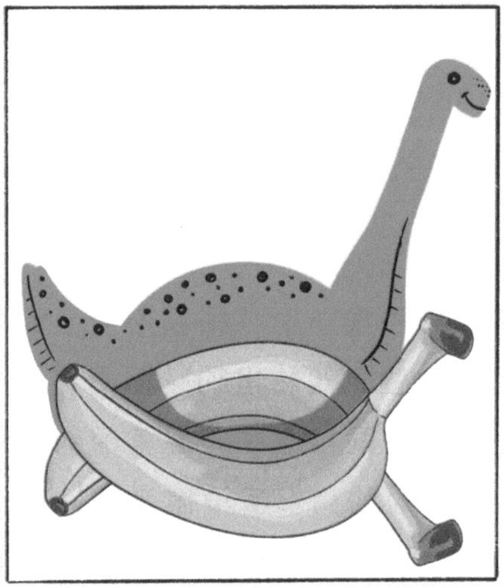

延伸与拓展

知识点：光沿直线传播

由于光是沿着直线传播的，因此光在碰到无法穿透的物体时会被阻挡，进而产生影子，影子总是和光源的方向相反。

影子产生的条件是需要有光源、物体和屏幕。光源与物体的距离越远，影子会越长；光源与物体的距离越近，影子会越短。光源从不同角度照射物体也会影响影子的大小和长短。

五彩斑斓的光影花蝴蝶

引　入

我们的影子像一个“黑衣人”，他总是黑黑的，那有没有彩色的影子呢？

你见过一些建筑物里的花窗吗？心灵手巧的工匠们用彩色玻璃把整个窗面镶嵌得五颜六色，这些玻璃共同构成了一扇美丽的花窗。日光照射玻璃，透过花窗后，就形成了五彩斑斓的光影，将建筑物内部渲染得美轮美奂。

这次，我们就以花窗为灵感来做一对阳光下炫彩的蝴蝶翅膀吧！

·材料预备·

彩色玻璃卡纸、纸板、画笔、剪刀、双面胶、棉线

【步骤】

1 在纸板或大张卡纸上画出蝴蝶外形。

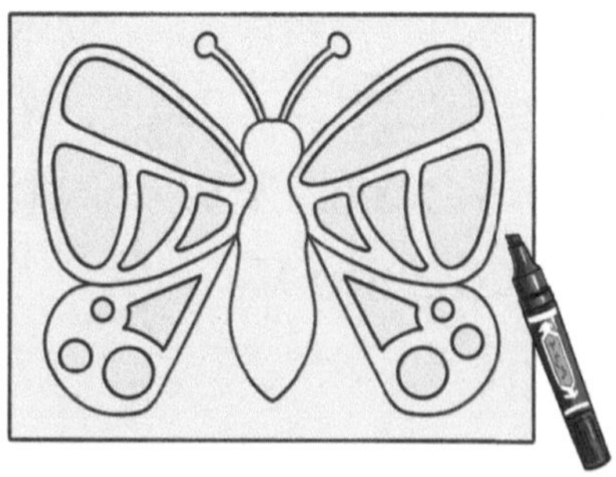

2 用剪刀将蝴蝶轮廓剪下来。

3 用剪刀或刻刀将图中蓝色处镂空。

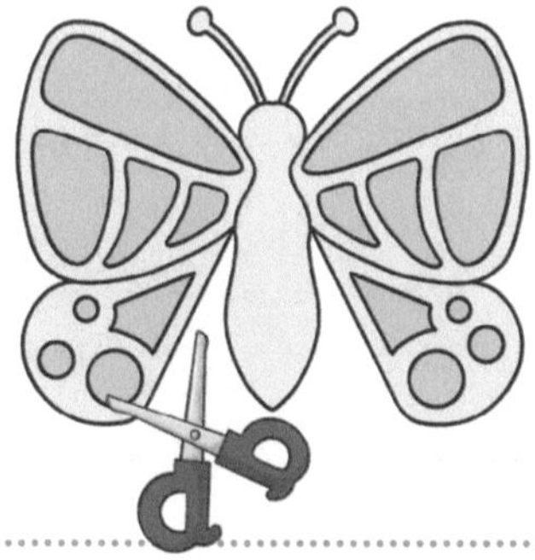

4 根据镂空处的形状，剪出对应的彩色玻璃卡纸，并贴于镂空处。

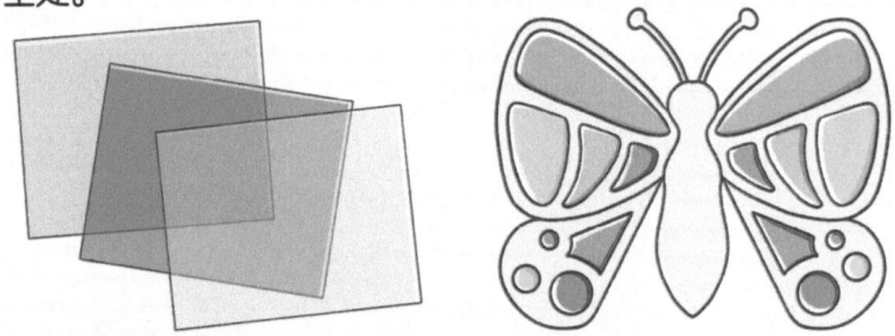

5 用棉线或卡纸做出肩带。

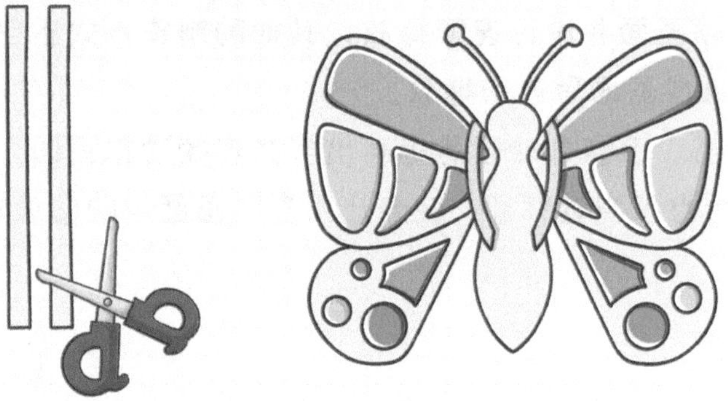

6 将蝴蝶翅膀背在肩上，去阳光下看看自己五彩斑斓的影子吧！

延伸与拓展

知识点：透光率

透光率表示的是光线透过介质的能力，是光透过透明或半透明物体的光线量与入射光线量之间的百分比。若物体是无色透明或半透明的，那么大多数光线均可透过物体；若透明或半透明物体有颜色，那么其他颜色的光线均会被物体吸收，只有和物体一样颜色的光线能透过物体。由于彩色的玻璃卡纸是带颜色半透明的，所以同色的光线就会穿过过去，在地上形成彩色的影子。

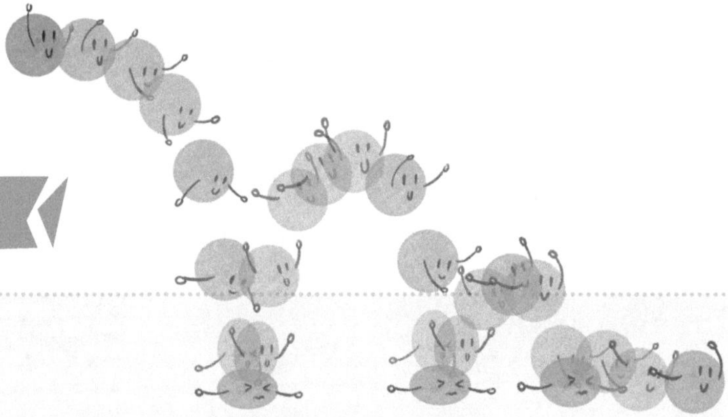

我画的小球会弹跳

引　入

你一定看过很多动画片吧，那你知道动画片都是怎样做出来的吗？

动画是指由许多帧（量词，指一幅画面）静止的画面，以一定的速度（如每秒 16 张）连续播放时，人眼因视觉暂留产生错觉，而误以为画面在活动的作品。

最常见的动画制作方式是手绘出每一帧画面并进行连续播放，其他的制作方式还包括运用黏土、模型、玩偶等来塑造场景，并拍摄成画面后连续播放。

这次，我们就来尝试做一本手翻书动画。手翻书动画是指画出多张连续动作画面，将它们组成小册子，然后快速翻动小册子，这时由于视觉暂留，就会让人感觉画面中的图像在动，这也是一种最原始的动画制作手法。

·材料预备·

白纸、画笔、剪刀、橡皮筋

【步骤】

❶ 将 A4 纸剪成同样大小的小纸片，或直接使用便签本。

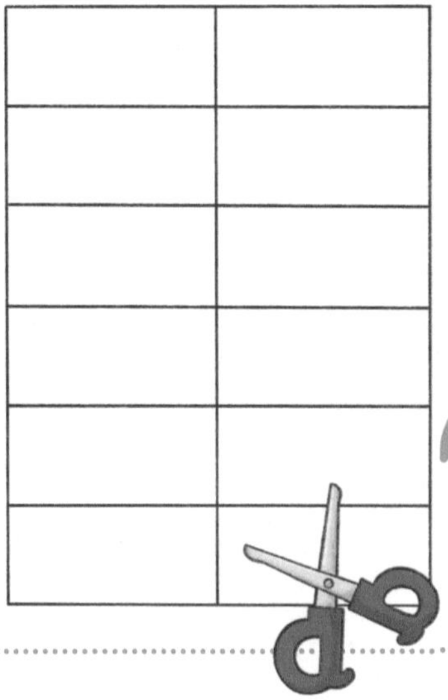

❷ 构思想要制作的动画内容，并画出草图。

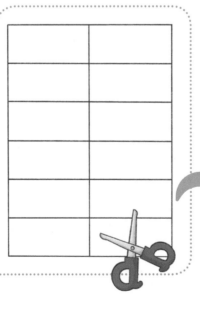

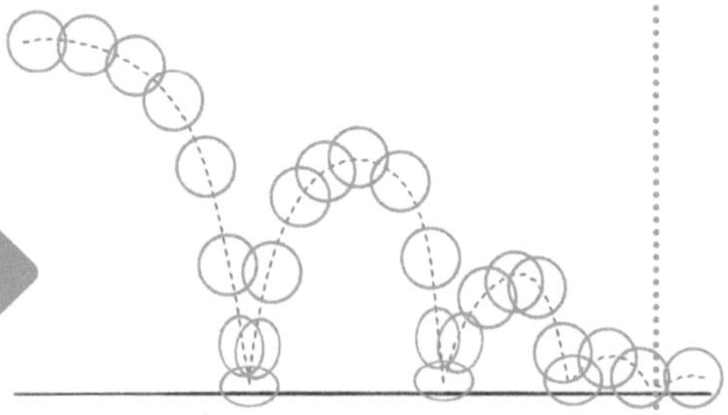

③ 根据草图，在每一张小纸片上画出每一帧画面，并在左下角用数字备注序号。

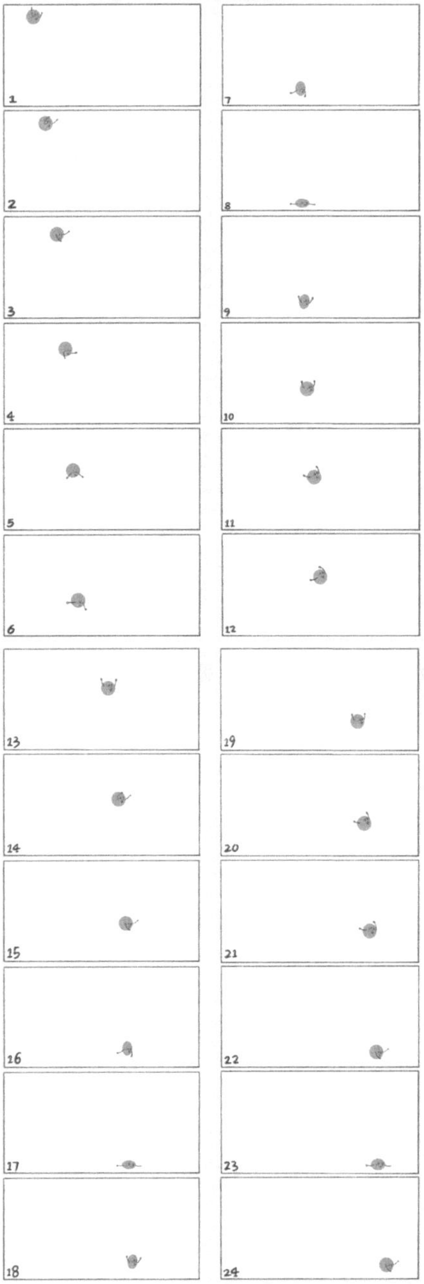

④ 将所有小纸片排好顺序，并用橡皮筋或夹子固定住左侧，形成一本手翻小书。

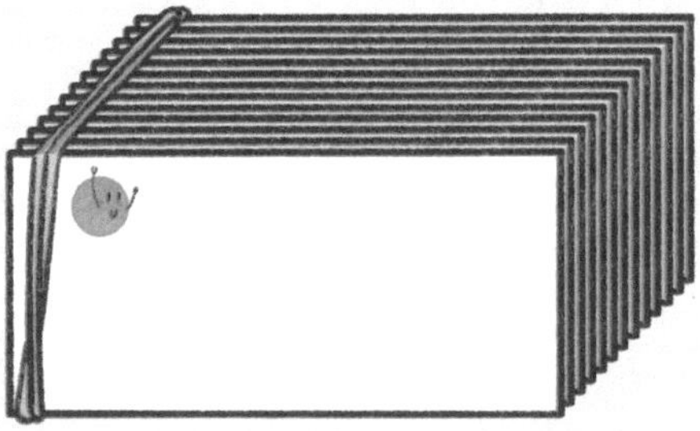

⑤ 快速翻动小书，就会看见小球弹跳的动画，翻看的速度越快，画面便会越流畅。

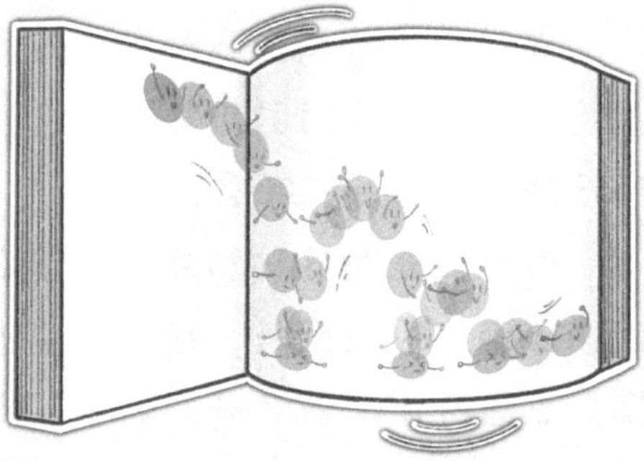

延伸与拓展

知识点：视觉暂留

人眼在观察物体时，光信号传入大脑神经，需要经过一段时间，光的作用结束后，视神经对物体的影像并不会立即消失，这一现象被称为“视觉暂留”。医学证明，人类具有“视觉暂留”的特性，人的眼睛在看到一幅画面或一个物体后，其图像在人眼中会保留 0.34 秒不会消失。利用这一原理，在一幅画还没有消失前就播放下一幅画，就会给人一种流畅而连续的视觉效果。

肺部是这样呼吸的

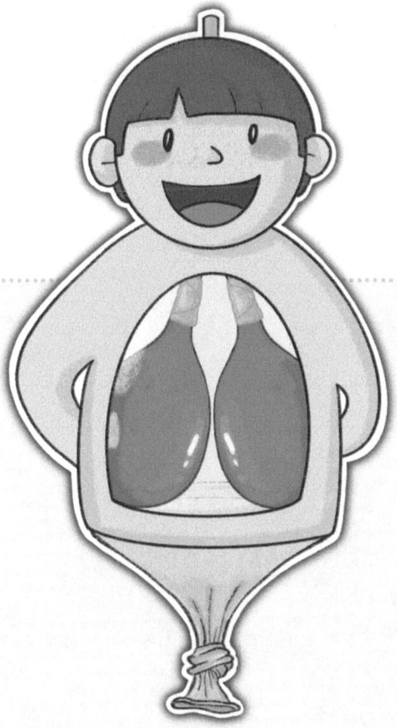

引 入

试试将手指横放在鼻孔下方，是不是可以感受到很规律的、从鼻孔呼出的热气呢？这就是我们不易察觉却又无时无刻不在进行的呼吸。

呼吸，是指人体和外界环境之间气体交换的过程。我们通过肺部吸入空气，在肺泡中进行氧气和二氧化碳的交换，然后呼出二氧化碳。通常，我们在平静时的呼吸频率约为 6.4 秒一次，每次吸入和呼出的气体约为 500 毫升。人体正是依靠不停的呼吸运动进行气体交换，从而满足机体新陈代谢的需要，而使生命得以维持。

那么我们的肺部是如何吸气和呼气的呢？

这次我们就用两个气球来模拟肺部，用吸管模拟气管，来看看肺部的呼吸是如何进行的吧！

材料预备

塑料瓶、吸管、气球、橡皮泥、胶带、剪刀、卡纸

【步骤】

❶ 将两根吸管的头部剪下来，并将两根吸管头部褶皱部分稍稍压扁，塞入剪下的后半部吸管中，用胶带密封固定。

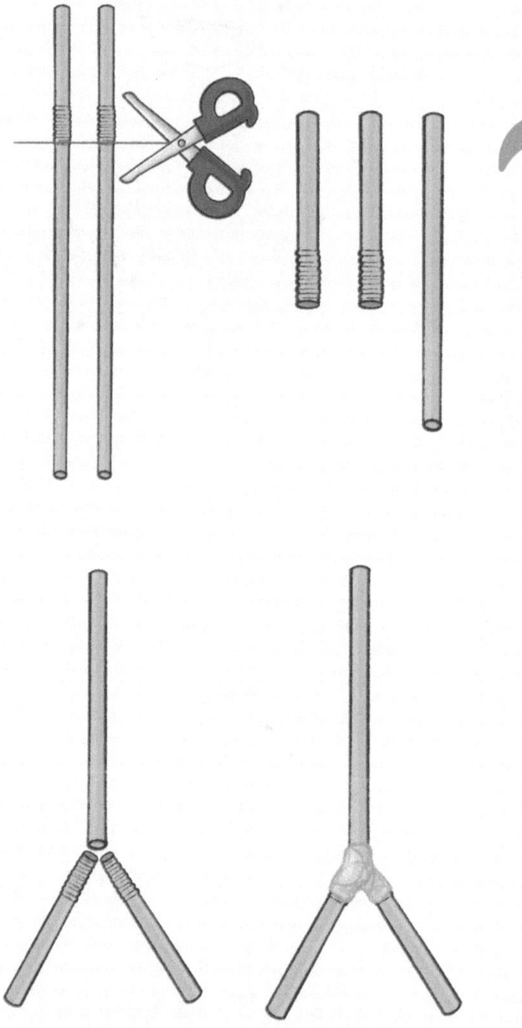

❷ 在两侧吸管上各套上一个气球，并用胶带密封固定。

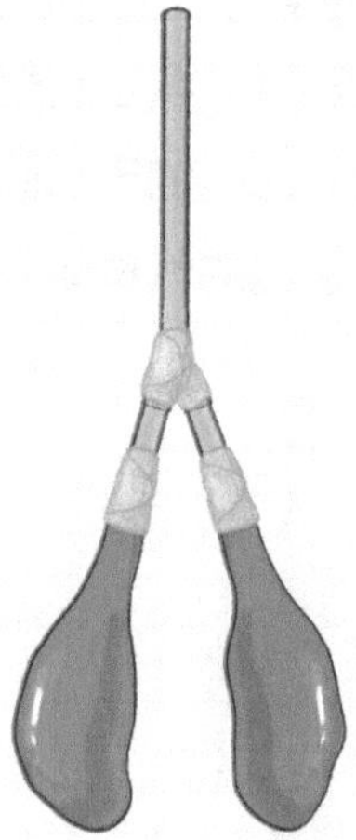

❸ 取一塑料水瓶，将其剪开，并在瓶盖上打孔，让吸管穿过瓶盖上的孔，并用橡皮泥密封固定。

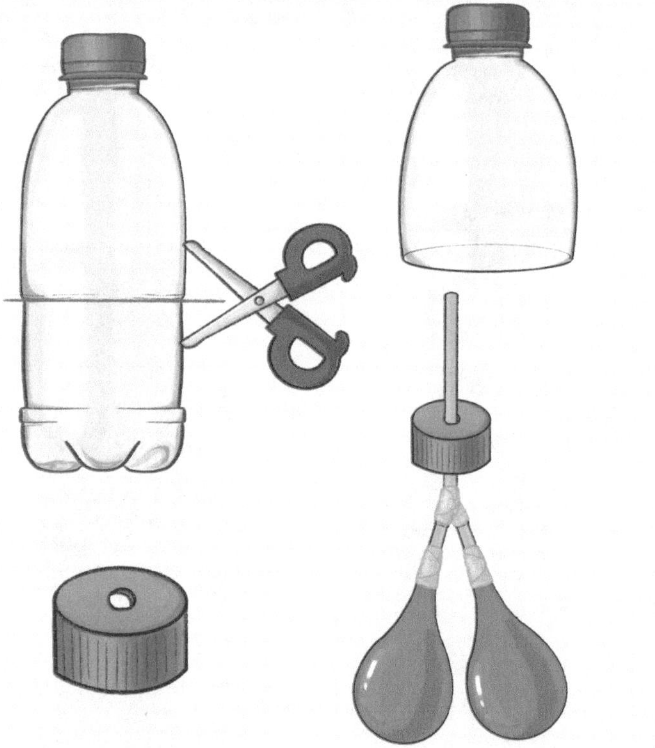

④ 将瓶盖拧回到塑料瓶上，另取一只气球，将其尾部打结后剪开，套在塑料瓶下方。这样，当我们向下拉动气球时，瓶内的气球便会吸气变饱满；而当我们放松气球时，瓶内的气球便会漏气变干扁。

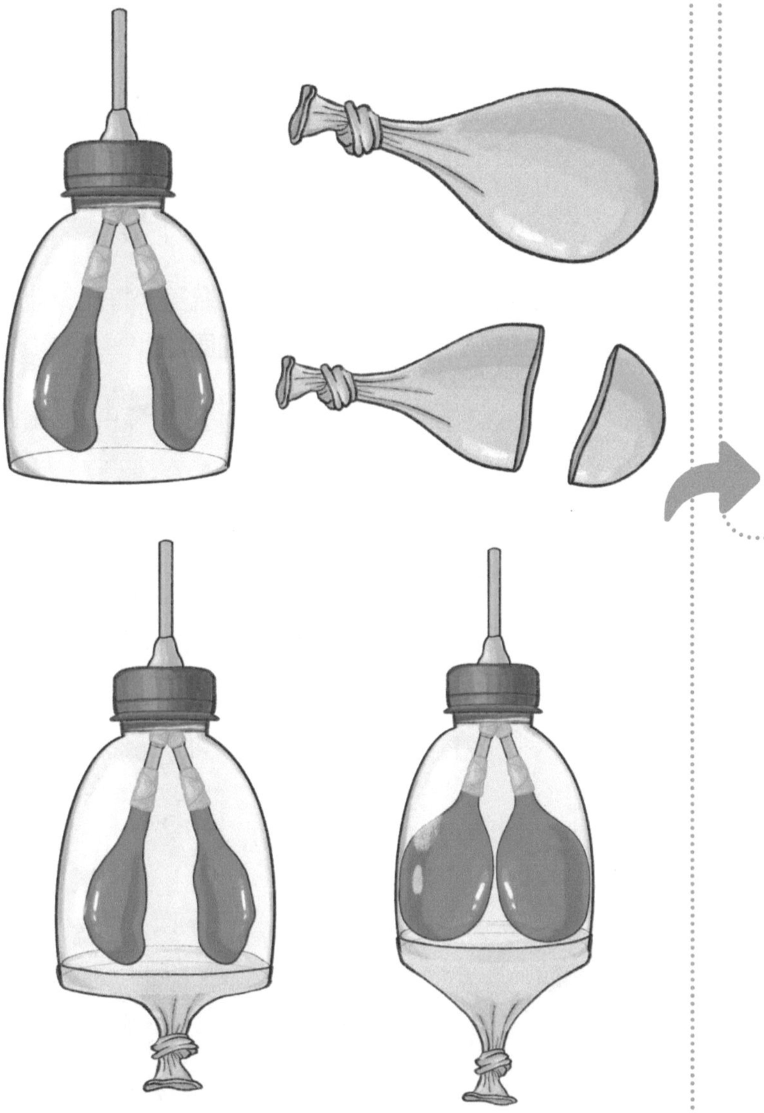

⑤ 我们也可以在卡纸上画出一个孩子的身体，将它粘贴在水瓶上，来装饰我们的“模拟气球肺”。

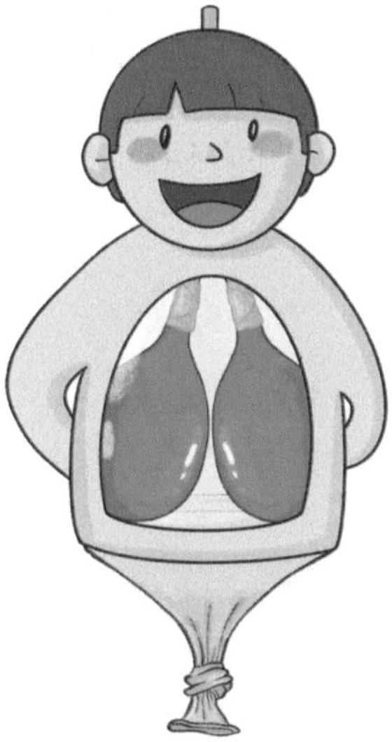

延伸与拓展

知识点：肺部呼吸

肺是人体的呼吸器官，位于我们的胸腔之中，左右各一叶。在这个实验中，我们用气球来模拟肺部，可以很好地还原肺部呼吸的过程。

瓶中的两个气球相当于肺，而绷在瓶底的气球相当于胸腔和腹腔之间的横膈膜，它就像一个大圆盘平放在身体内部，分隔了胸腔和腹腔，随着呼吸运动上下起伏，作用是通过收张来帮助肺部呼出和吸入气体。

当我们吸气时，横膈膜收缩并向下移到腹腔，在胸腔中产生负压，迫使空气进入肺部。就如实验中我们将底部的气球向下拉动时，瓶内的空间变大，气压降低，外界大气压就将空气从吸管压入了瓶内的气球中，气球便开始膨胀。

当我们呼气时，横膈膜舒张，肺也随之回缩。就如实验中我们松开底部的气球时，瓶内的空间变小，气压变大，气球内的空气就被挤了出去，于是气球便干瘪了。

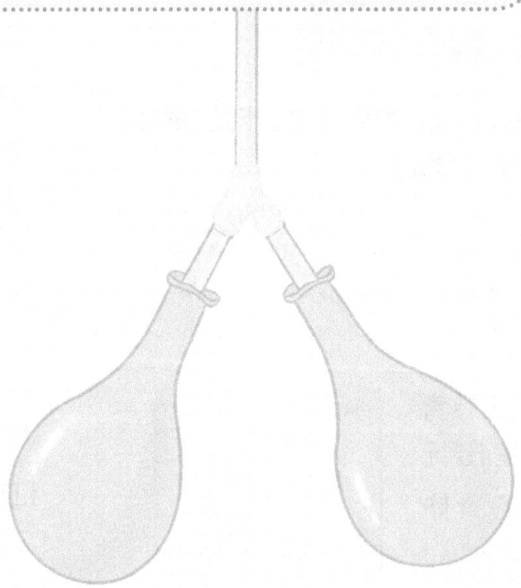

一起来玩木偶戏

引　入

你看过木偶戏吗？木偶戏是中国传统艺术之一，历史悠久，是国家级非物质文化遗产。早在还没有电影、电视的年代，孩子们都把看木偶戏当作一种娱乐方式。

表演木偶戏时，演员在幕后一边操纵木偶，一边配音或演唱，并配合背景音乐，演出的画面生动形象，氛围渲染到位。

这次，我们也来做几个好玩的提线木偶，来表演一出大戏吧！

·材料预备·

卷筒、瓶盖、棉线、木棒、卡纸、画笔、剪刀、万能胶

【步骤】

1. 在卷筒上画出玩偶的身体部分。

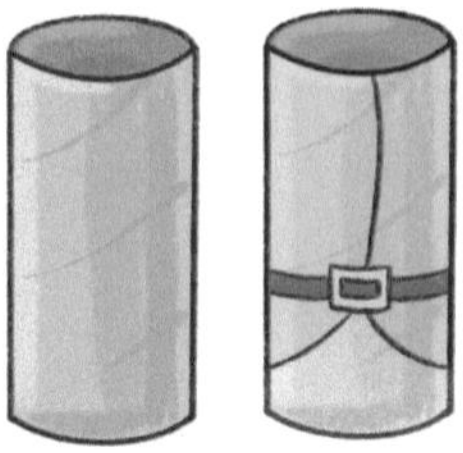

2. 在卷筒上、下两侧打孔，并穿上棉线，打结固定，作为玩偶的四肢，可在四肢中部打结作为关节。

3. 在瓶盖上打孔，并将棉线穿过瓶盖，作为玩偶的脚部。

4. 在卡纸上画出玩偶的脸和其他配件，并剪下。

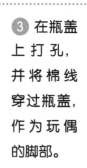

⑤ 将玩偶的脸和配件贴在卷筒和绵线的相应部位。

⑥ 用万能胶将两根木棒交叉固定。

⑦ 在木棒的各端及中心系上棉线。

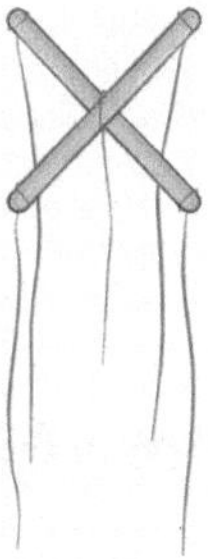

⑧ 将棉线的另一端分别固定在玩偶的头部、手部及脚部。此时，我们手握木棒，通过控制木棒的运动来带动玩偶的动作。

⑨ 我们可以用同样的方法，制作出更多不同的角色，并用鞋盒作为舞台，来演一出木偶舞台剧。

延伸与拓展

知识点：提线木偶

提线木偶的原理就是通过提拉线使木偶完成特定的动作。提线木偶一般由 5 根线来控制，这 5 根线分别连着四肢和头顶，提拉每一根线，木偶都会出现相应的反应，同时提拉几根线则可以完成一系列连贯的动作，这就形成了木偶的动态表演。

除了做几个不同形象的木偶外，我们还可以设计、搭建一个舞台，用鞋盒来布置出前景和背景，制造出舞台的纵深感，让我们的木偶大戏更生动精彩！

锡纸浮雕画

引 入

你在厨房有没有见过一种银色的纸呢？通常它会在烧烤或烘焙甜品时使用到。

这种银色的纸就是锡纸（锡箔纸）。它的主要成分是锡和铝，是锡铝的合金。锡纸的表面具有银白色的金属质感，像镜子一样有很强的反光度。锡纸有很好的导热、密封、防水、保温等效果。在烹饪美食时使用锡纸，可以保持食物的水分，避免加热不均，使食物更加鲜嫩美味。

不过，锡纸的用处可不止在厨房，它还能用来做美丽的艺术品。这次我们就用这种特别的纸来做一幅浮雕画吧！

·材料预备·

野花野草、胶水、锡纸、卡纸

【步骤】

1 在路边采集一些漂亮的野花和野草。

② 将野花和野草贴在卡纸上。

③ 用大张锡纸覆盖住卡纸，拉紧后将四周多余的锡纸向后折叠，并用胶水固定。

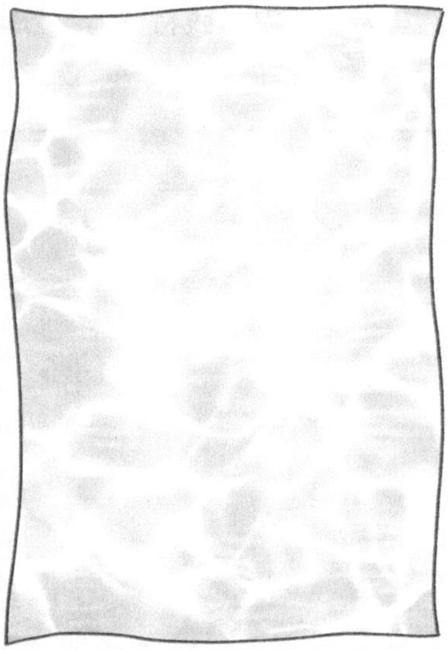

④ 用手指按压出花草的形状轮廓和纹理。

延伸与拓展

知识点：可塑性

可塑性是固体在外力或高温等作用下发生形变并保持形变不破裂的性质，这个实验中用到的锡纸就是一种可塑性非常强的材料。在艺术创作中，我们可以利用这一特性来制造画面的凹凸感，创作出具有立体质感的浮雕画。

锡纸画在艺术效果上能弥补普通纸画作品画面过于平整、无法表现质感的不足，在艺术手法上将绘画技法和手工技法有机融合，促使我们更加灵活地整合多种手法进行艺术创作，让作品更具新意。

立体生日贺卡

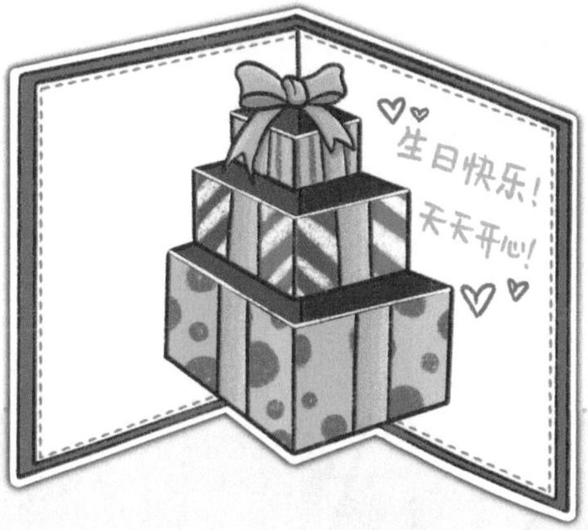

引 入

一年中有各种各样不同的节日，我们经常会和朋友互送卡片来表达对彼此的祝福。除了在文具店购买现成的卡片，我们也可以尝试自己动手来做节日卡片和生日卡片，让来自你的祝福更加特别、更加充满心（新）意！

好朋友的生日快到了，你有没有准备好给好朋友的生日卡片呢？普通的平面卡片不够特别，我们来试试 3D 立体的生日卡片吧！

· 材料预备 ·

彩色卡纸、剪刀、胶棒 / 双面胶、画笔

【步骤】

1 将一张白色卡纸对折。

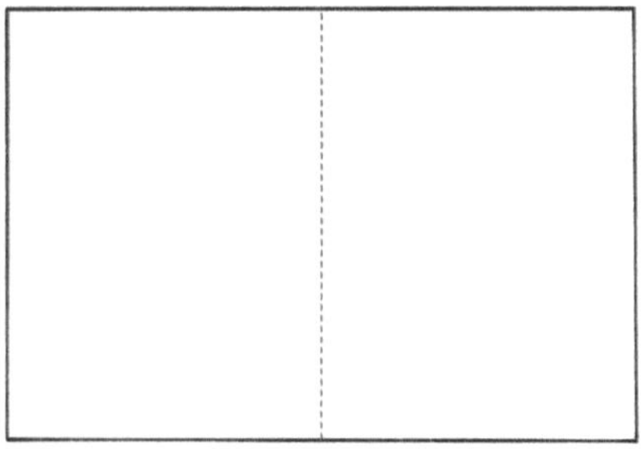

2 将纸沿图中红色实线剪开，并沿虚线将剪下部分向内折叠。

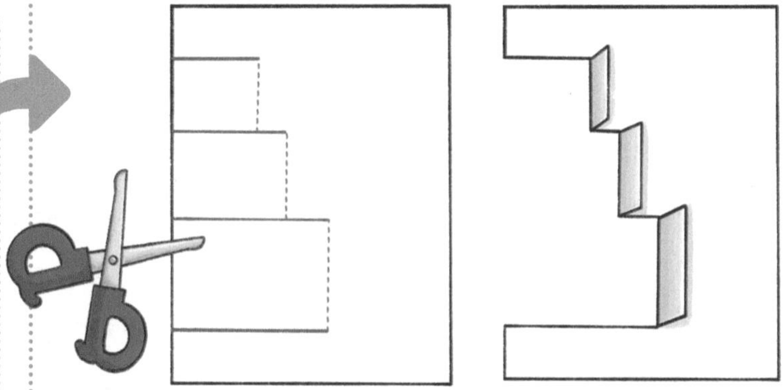

3 准备另一张彩色卡纸，将白色卡纸的蓝色位置涂上胶，沿虚线对折彩色卡纸，将白色卡纸粘贴在彩色卡纸上（背面同理）。

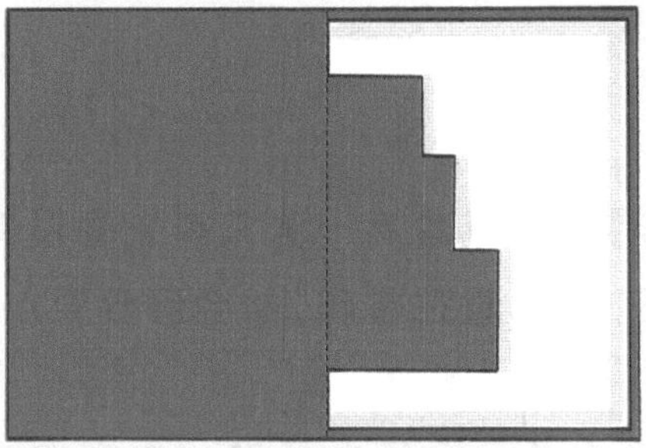

4 打开后，卡片内便形成了向外凸出的 3 个立方体。

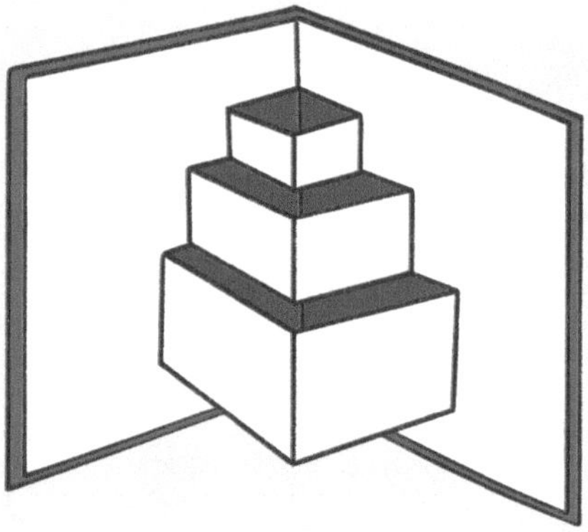

5 根据卡片的主题，在凸出的部分画上或贴上应景的图案进行装饰，我们的立体卡片就完成啦！

延伸与拓展

知识点：一维、二维、三维

维度是指独立的时空坐标的数目，一维空间是一条线，只有长度；二维空间是一个平面，有长度和宽度；三维空间是一个体，有长度、宽度和高度。

当我们将纸剪开，并向外折叠时，便给原本只有长宽的平面图形增加了第三个维度，也就是高度，使卡片产生了立体的效果。

请你尝试根据这个原理来做出更多不同形态的立体卡片吧！

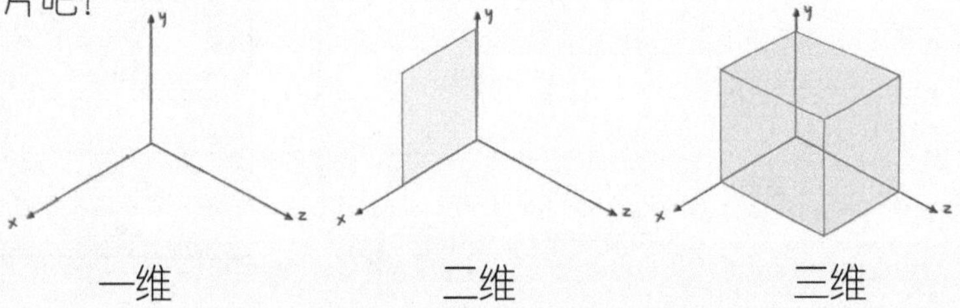

无限循环的莫比乌斯环

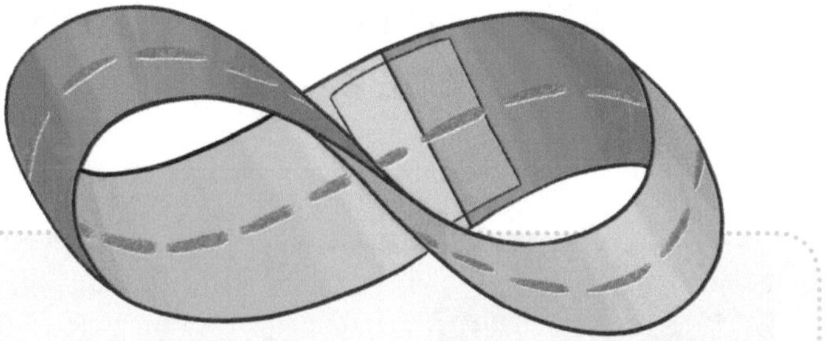

引 入

我们常说，任何事物就像纸一样，都有两面性。那么世界上会不会有一张只有正面没有背面的纸呢？有这样一种环形结构，假设一只蚂蚁在上面爬行，它一直往前爬，却会回到原点，并进入无限循环。这次我们就来看看这个神奇的环形结构——莫比乌斯环。

这个只有一个平面的莫比乌斯环是德国数学家、天文学家莫比乌斯和约翰·李斯丁在 1858 年发现的，是通过将一张纸条的一侧旋转 180° 后与另一侧相连形成的一个环，这个环并没有正反面之分。下面我们就一起来做一个莫比乌斯环吧。

·材料预备·

彩纸、剪刀、胶带

【步骤】

❶ 从彩纸上剪出一张纸条。

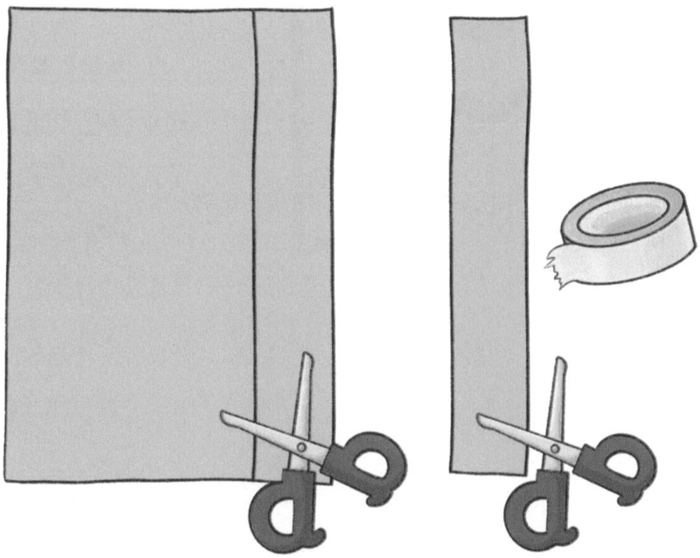

② 将纸条一端扭转 180° 后，用胶带将其和另一端粘贴在一起形成一个环，这就是莫比乌斯环。

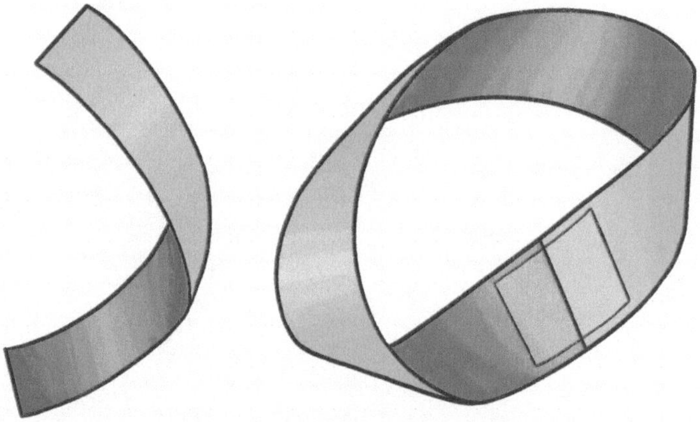

③ 用铅笔沿着莫比乌斯环的中心画一条线，你会发现这条线从一面延伸到了另一面。

延伸与拓展

知识点：单侧曲面体

单侧曲面体是指只有一个侧面的曲面体。通常的曲面体都有两个侧面，单侧曲面体并不多见。莫比乌斯环便是最为著名的单侧曲面体，此外著名的单侧曲面体还有克莱因瓶等。

我们还可以尝试用剪刀沿莫比乌斯环的中线将它剪开，莫比乌斯环不仅没有一分为二，反而形成了一个两倍长的纸环。而新得到的这个较长的纸环，本身却是一个双侧曲面，它的两条边界自身虽不打结，但却相互套在一起。我们把上述纸环再一次沿中线剪开，这回纸环可真的一分为二了，得到的是两条互相套着的纸环，而原先的两条边界，则分别包含于两条纸环之中，只是每条纸环本身并不打结。

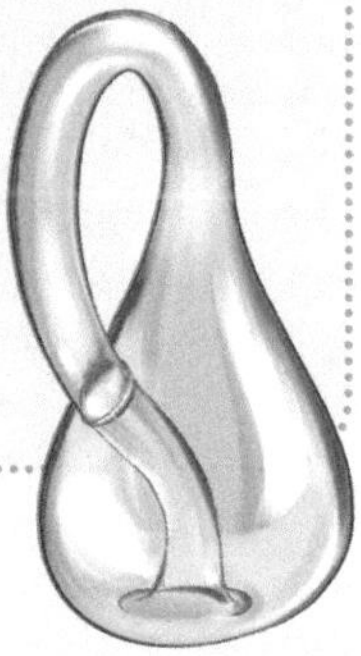

▶克莱因瓶

CHUFANG
SHIYANSHI

厨房实验室

厨房实验室

用蛋白霜在饼干上作画

引 入

你见过漂亮的画着图案的装饰饼干吗？现在，越来越多的场合出现了装饰饼干的身影：孩子的生日派对里、婚礼的甜品台上。节日的气氛装扮少不了装饰饼干的点缀，不同风格、图案的装饰饼干为不同的场合增添了气氛。

这次我们就来尝试做个装饰饼干吧！装饰饼干可不是用书房的颜料在饼干上作画哦！它是通过将蛋白打发，再加入可食用的色素制成颜料，然后在饼干底上作画。在这个过程中，我们还能观察到蛋白是如何从流动的液体转变成饼干上的固体装饰。

·材料预备·

饼干、1个蛋清、200克糖粉、食用色素、打蛋器、裱花袋、剪刀

【步骤】

❶ 将1个蛋清打入碗中，加入200克糖粉。

❷ 用打蛋器将混合物搅打至黏稠，形成蛋白霜。

❸ 在蛋白霜中加入食用色素，调匀成想要的颜色。

❹ 将蛋白霜装入裱花袋中，袋尾打结，并将袋口剪开，形成小孔。

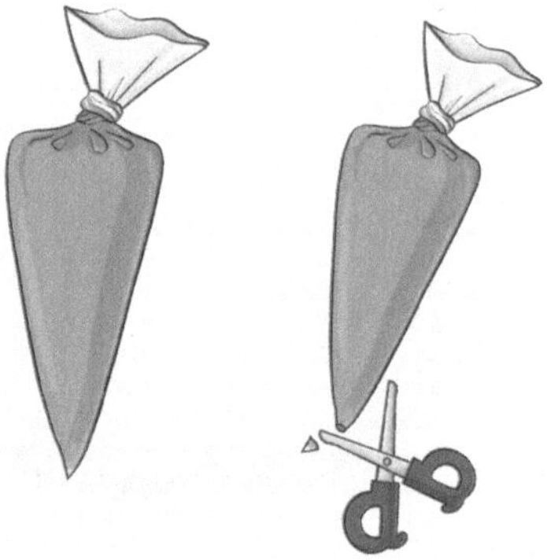

❺ 然后就可以用手挤压出裱花袋中的蛋白霜，在饼干上作画啦！

❻ 画完后，将饼干静置风干即可。

延伸与拓展

知识点：物态转变

我们都知道，蛋白在生的时候是澄清的，也叫蛋清，因为生蛋白中除了蛋白质，还含有大量的水分，呈胶状的液体状态。我们在打发蛋白时，会将空气打进蛋白里，蛋白中的蛋白质接触到空气会失去水分变为凝固状态。同时，糖粉是糖与淀粉的混合物，在混合入蛋白时，淀粉会吸收水分，使糖的水分子减少进而逐渐结晶。加糖打发可以让蛋白霜的状态更加稳定和细腻。此外，加入酸性的柠檬汁也可以增加蛋白霜的稳定性，因为蛋白在遇到酸、碱、盐等物质时会发生变性，即变为凝固状，如没有柠檬汁，也可以用白醋代替。

5分钟做出蜂巢小脆饼

引 入

有没有不需要烤箱也可以自己在家制作的快手小甜点呢？

这次我们就来制作一款材料简单，做法便捷，5分钟就能完成的小甜点吧！只需要水、白砂糖和小苏打，就可以完成一款焦糖蜂巢小脆饼啦！香脆的口感和香浓的焦糖味一定会让你欲罢不能！接下来就一起试试看吧！

·材料预备·

50克水、200克白砂糖、10克小苏打

【步骤】

❶ 在锅中放入白砂糖和水，边加热边搅拌至焦黄色。

2 关火，倒入小苏打粉，快速搅拌均匀。

3 倒入铺有油纸的容器中冷却。

4 完全冷却后取出，敲碎食用。

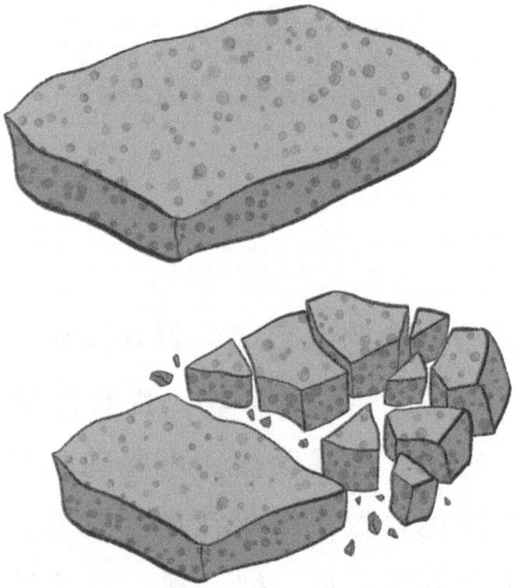

延伸与拓展

知识点：食品膨松剂

小苏打的成分是碳酸氢钠，在受热 50 摄氏度以上时会分解出二氧化碳，使糖浆迅速膨胀。因为二氧化碳的进入，糖块内部形成很多小孔洞，就像蜜蜂的蜂巢，因而得名蜂巢脆饼。小苏打也因此特性，经常被作为食品制作过程中的膨松剂。

晶莹剔透的结晶棒棒糖

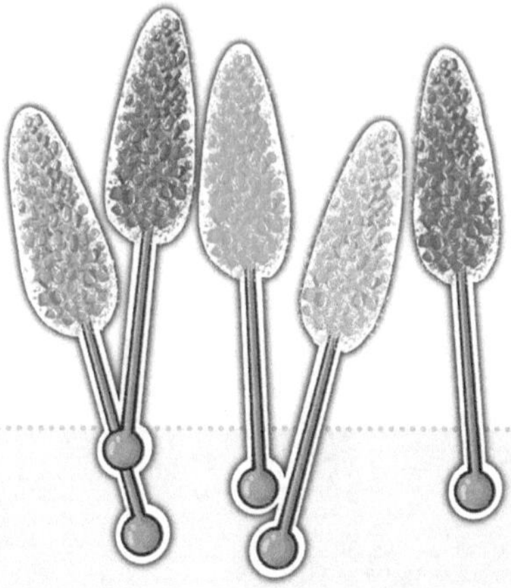

引 入

你见过晶莹剔透的水晶吗？美丽的水晶经常被用来制成饰品来装饰我们的生活。其实，天然水晶是一种石英结晶体矿物，生长在地底下的岩洞中，在地下水、高温和压力的作用下，历经千万年的时间，结晶而成。水晶的结晶体通常为六棱柱状，为块状或粒状集合体，所有的晶尖都指向洞体中心，有规律地生长着。水晶一般为无色透明，但当结晶体内含有其他矿物元素时，便会呈现出紫、红、黄、绿等多彩的颜色。

这次我们来模仿形成水晶的结晶原理，制作出如水晶般美丽晶莹的结晶棒棒糖吧！

·材料预备·

300克白砂糖、100克水、食用色素、竹签、杯子、夹子

【步骤】

❶ 在锅中加入白砂糖和水，边加热边搅拌至糖融化。

❷ 将糖水倒入杯子中，滴入食用色素，调匀成喜欢的颜色。

❸ 将竹签插入糖水中蘸一下后取出，再将竹签插入白砂糖中，均匀粘上白砂糖颗粒，作为糖种。

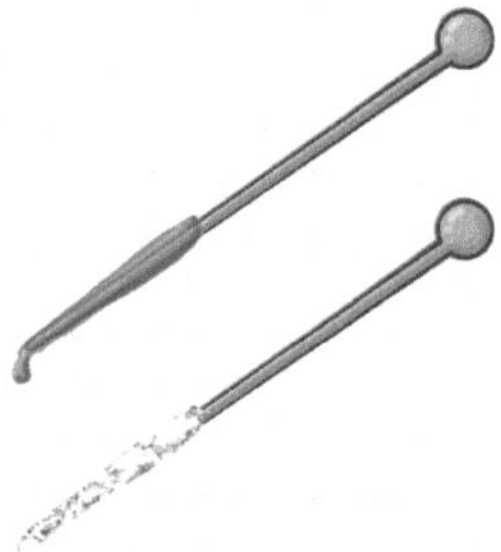

❹ 待糖水温度下降后，将粘着糖种的竹签夹上夹子，垂直放入杯中。注意竹签底部要与杯底留出空间，以防粘连。

❺ 待棒棒糖结晶到理想大小，便可取出，通常需要1 ~ 5 天。

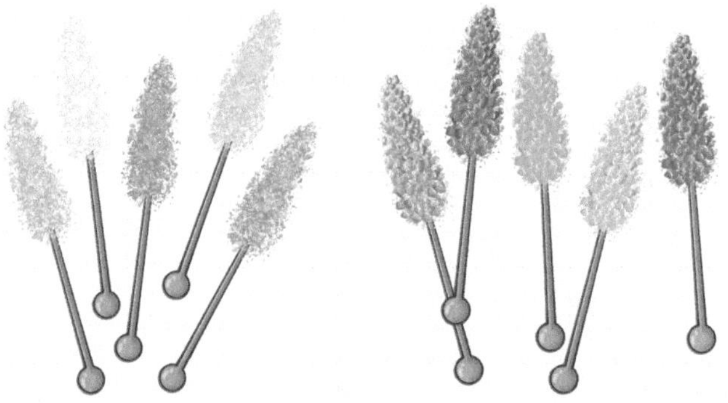

延伸与拓展

知识点：过饱和溶液

结晶是指从过饱和溶液中凝结出具有一定几何形状的固体的过程，这样的固体被称为晶体。天然晶体（矿物、宝石等）、雪花、冰糖等的形成都涉及结晶。结晶的过程可分为晶核生成和晶体生长两个阶段。

每一颗糖粒都是由数万亿糖分子组成的微小晶体，糖分子们以规则的形式结合在一起，当我们混合糖与水时，形成了糖水溶液。一定量的热水中只能溶解一定量的糖，当糖水溶液中的糖分子越来越多，达到热水的溶解极限之后就再也溶解不了了，这时的溶液叫作过饱和溶液。

当过饱和的糖水溶液开始冷却时，溶液中所溶不下的多余糖分子便需要找到一个可以析出晶体的地方，这个时候，我们插入的竹签上的小糖粒便起到了晶核的作用，使多余的糖分子们都围绕着晶核，经过一段时间后便形成了结晶棒棒糖。

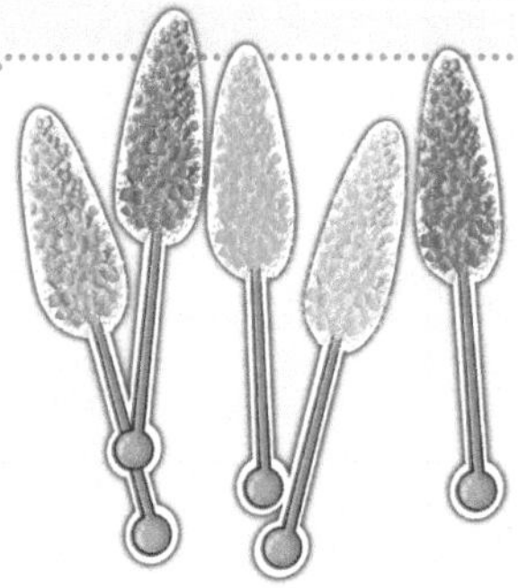

有卡通图案的面包

引入

你的早餐都是吃些什么呢？可能作为蛋白质的鸡蛋、牛奶和作为碳水化合物的面包，经常会出现在我们的早餐桌上吧！面包确实是一种方便又百搭的早餐选择，可以搭配各种不同的食材，制成花样百出的早餐来。

不过单独的面包在口味和颜值上都比较单调，这次我们就利用锡纸的特性，通过烘烤来给面包变变装。烘烤过后的面包，不仅会印上好玩的卡通图案，而且口感也会变得更香脆噢！

材料预备

面包、锡纸、剪刀

【步骤】

❶ 取出几片面包备用。

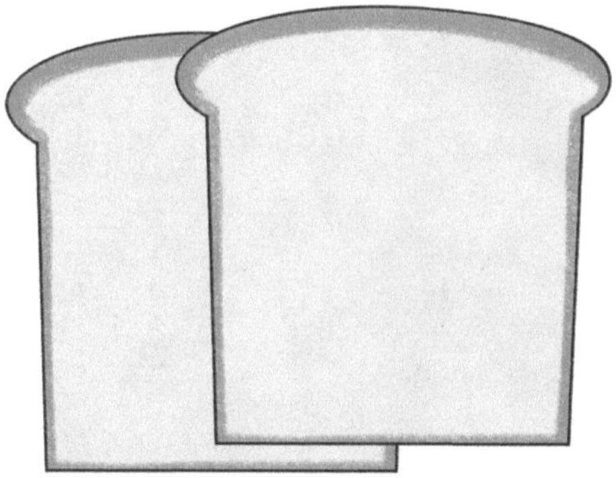

❷ 用锡纸剪出好玩的卡通图案。

❸ 将卡通锡纸盖在面包上，再整体放入烤箱烘烤。

❹ 烘烤完成后取下锡纸，就能看到面包上的卡通图案了。

延伸与拓展

知识点：锡纸的特性

锡纸，也叫铝箔纸，是一种由铝箔衬纸与铝箔裱糊黏合而成的纸。亮银色的铝箔对光的反射能力特别强，因此它的应用也十分广泛，例如可以作为食品包装、保温建材、保温救生毯等等。

在这个实验中，我们发现只要是锡纸覆盖到的区域，面包就不会变色，而露出的区域都烤出了棕黄色。这是因为锡纸会将热量反射，让热量不会完全传导到锡纸下面去，所以锡纸下面的面包不会被烤出颜色。

利用太阳能量的烤箱

引 入

在上一个实验中，我们已经知道了锡纸会反射光和热量，在这个实验中，我们将通过控制反射的角度，让太阳的热能为我们所用，从而制作出简易的户外烤箱。

接着，我们还可以尝试用自制的太阳能烤箱做出一款美味的甜品，一起看看在太阳能烤箱的作用下，饼干、巧克力和棉花糖，哪些食材会融化呢？

·材料预备·

纸箱、剪刀、锡纸、保鲜膜、黑色卡纸、饼干、巧克力、棉花糖

【步骤】

❶ 取一个可开合的纸箱，在上方剪出窗口。

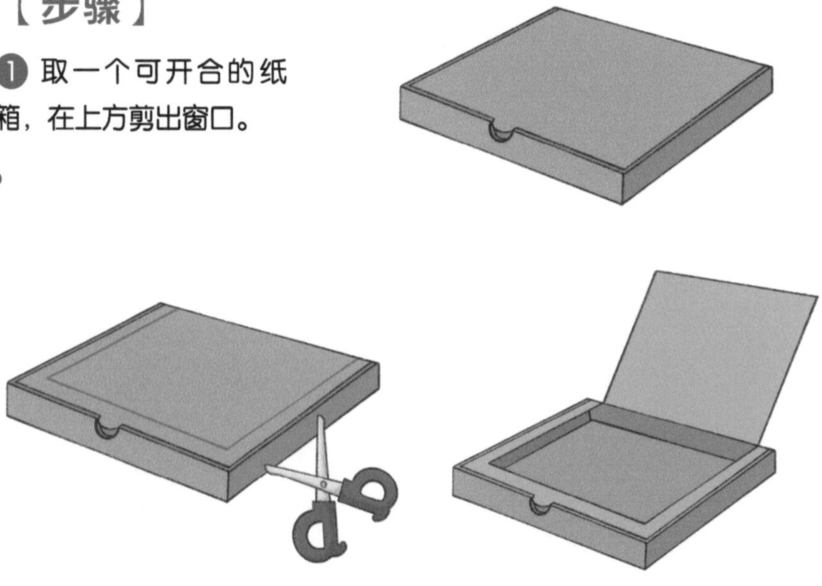

❷ 在 A 处贴上锡纸，B 处蒙上保鲜膜，C 处铺上黑卡纸，这时太阳能烤箱就完成啦！

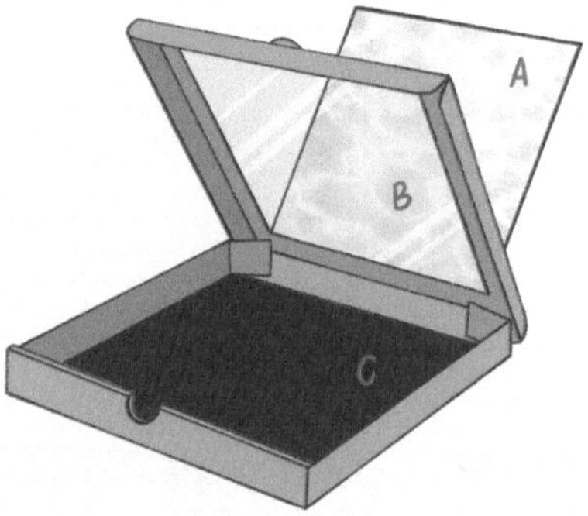

❸ 试着用太阳的温度来烤制一份甜品吧！在饼干上叠放巧克力和棉花糖。

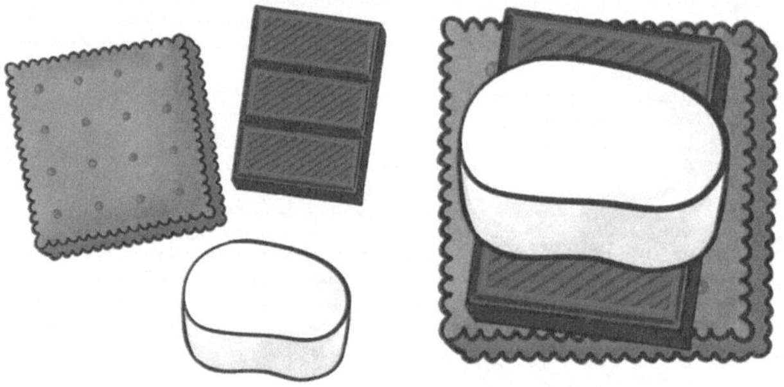

❹ 将组合好的甜品置于太阳能烤箱内，调整反射板，使阳光可以反射在食物 上。

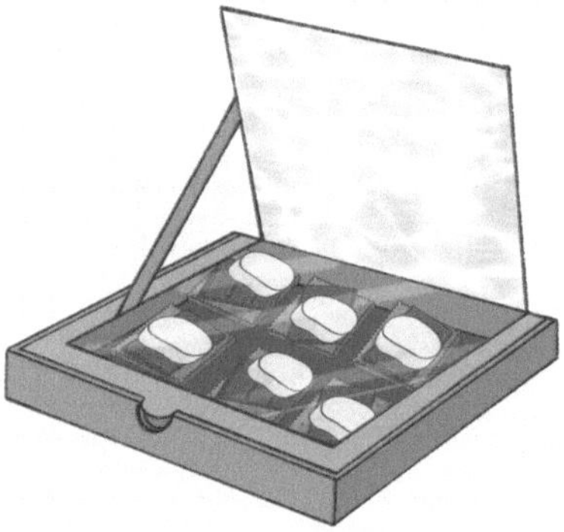

❺ 烤至巧克力融化，棉花糖软化，便可来尝尝看这款简单又好吃的甜品啦！

延伸与拓展

知识点：熔点

在实验过程中，我们发现，在太阳能烤箱的作用下，巧克力几乎融化成了液态，棉花糖也融化成了糊状，它们和饼干完美地结合在了一起，一款美味的棉花糖巧克力饼干就制作完成啦！不过要记得趁热吃哦，因为在冷却后，棉花糖和巧克力又会恢复到固态。

为什么棉花糖和巧克力会在高温下融化呢？原来，这两种食材的熔点都比较低，巧克力的成分是可可脂，性质接近动物油脂，熔点在 34 摄氏度 ~ 38 摄氏度之间，所以，巧克力在常温下是固体，放到嘴里，它就会慢慢融化。棉花糖亦是如此。

那什么是熔点呢？熔点是指物质的物态由固态转变为液态的过程中，固液共存状态的温度；而相反，物质由液态转变为固态时的温度就被称为凝固点，不同的物质有不同的熔点。

玻璃杯里的“绚丽彩虹”

引入

你见过漂亮的鸡尾酒吗？几种不同颜色的液体在酒杯中自然分层，形成绚丽的效果。原来鸡尾酒分层是每一层的液体密度不同造成的。这次我们也来根据鸡尾酒的原理，尝试在杯中调制出一份具有多层色彩的高颜值饮品吧！

·材料预备·

玻璃杯、橙汁、蜂蜜、苏打水、食用色素

【步骤】

❶ 在玻璃杯中倒入半杯橙汁。

❷ 在蜂蜜中滴入红色食用色素（或用红色糖浆），搅拌均匀后倒入杯中，你会发现红色的蜂蜜沉入了杯底。

❸ 在苏打水中滴入蓝色食用色素（或用有色苏打水），搅拌均匀后缓缓倒入杯中，你会发现苏打水与橙汁混合的部分变成了绿色，其余苏打水留在橙汁上方并保持蓝色。

❹ 在玻璃杯边缘插上吸管和橙子片来装饰饮品。

延伸与拓展

知识点：密度

密度是指物质在单位体积下的质量，也就是物体质量与体积的比值。通常，不同的物体有不同的密度，而同一种物体在不同状态下也可能有不同的密度，比如，一杯水结成冰之后，因为体积增大，密度就变小了。

在水中，密度比水大的物体会下沉，比如糖浆、蜂蜜；而密度比水小的物体会上浮，比如油、冰块。

在实验中，我们看到密度大的蜂蜜沉入杯底，而密度比橙汁小的苏打水则留于橙汁之上。我们只要混合几种不同密度、不同颜色的液体，便可清晰地看到液体由于密度不同而分层的现象。

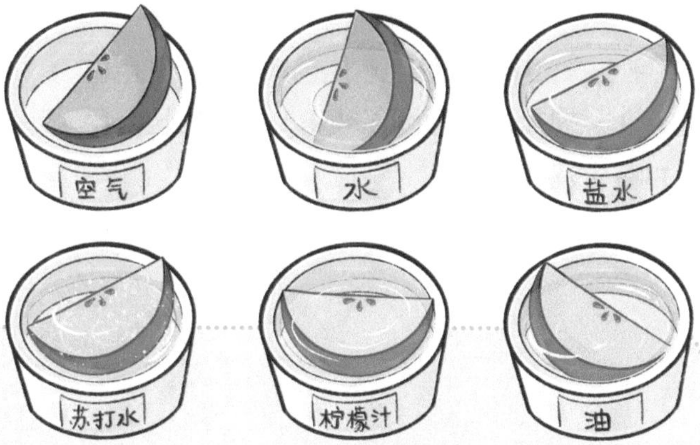

不让苹果变成褐色

引入

我们常说："一天一个苹果，医生远离我！"酸甜可口的苹果不仅脆嫩多汁口味好，营养更是丰富，含有各种维生素和微量元素。

不过我们常吃苹果就会发现，当苹果被切开后，果肉与空气接触的部分不久便会被氧化成棕褐色，这是为什么呢？这次，我们就来做一个给苹果抗氧化的实验，看看有哪些物质可以延缓苹果的氧化吧！

材料预备

苹果、水、盐、苏打水、柠檬汁、油、碟子、便利贴。

【步骤】

❶ 将苹果切块。

❷ 准备 6 个碟子或一次性杯子。

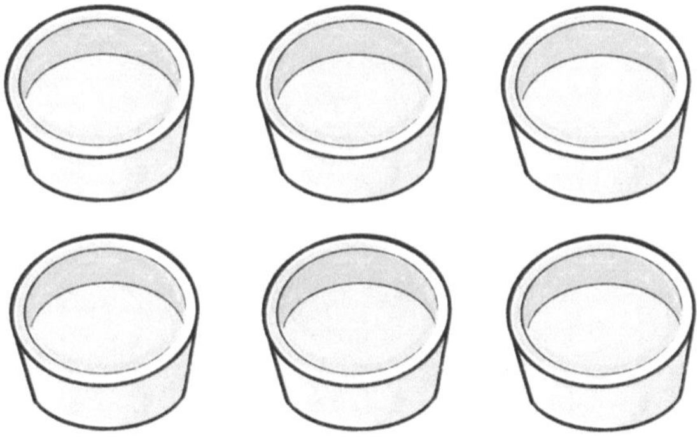

❸ 分别在碟子中倒入水、盐水、苏打水、柠檬汁和油，留一个空碟子作为参照，并用便利贴做好标注。

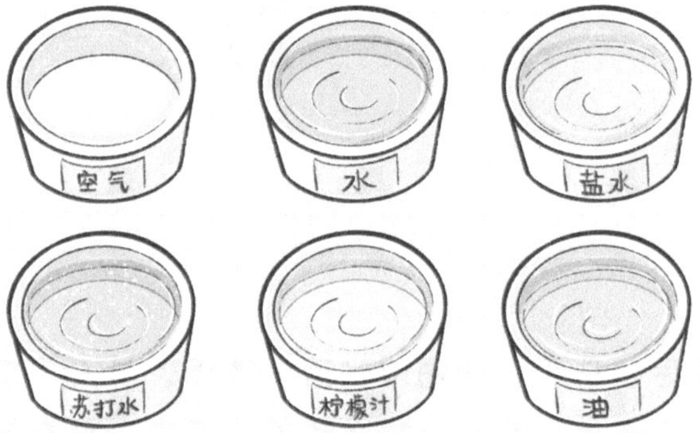

❹ 在每一个碟子中放入一块苹果，静置几小时后对比看看苹果在不同环境中的变化。

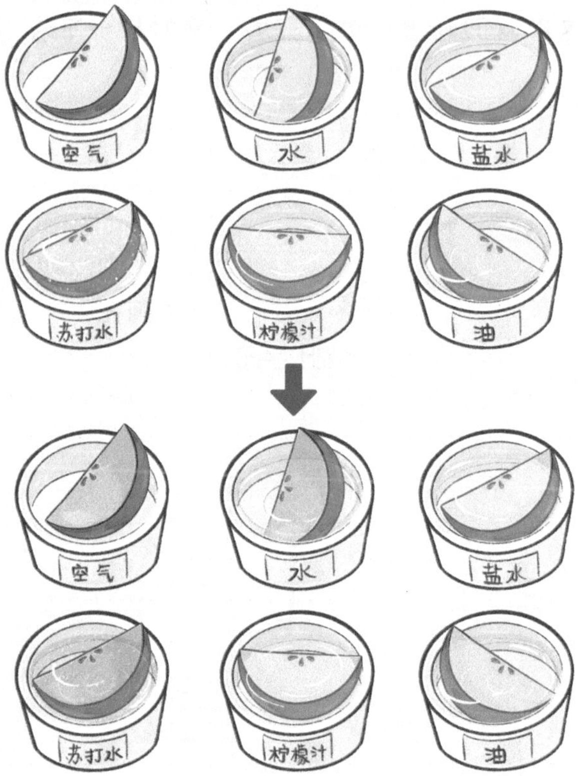

延伸与拓展

知识点：氧化与抗氧化

为什么苹果在切开之后便迅速变成褐色呢？这是因为当苹果被切开后，细胞中的酚类物质便会在酚酶的作用下，与空气中的氧化合，产生大量的醌类物质。新生的醌类物质能使细胞迅速变成褐色，这种变化被称为酶促褐变。

不过即便如此，我们还是可以找到阻止苹果氧化的方法！

在这个实验中我们会发现，柠檬中的柠檬酸是一种有效的抗氧化剂，可以有效阻止苹果氧化，防止褐变。

此外，盐水、蜂蜜、碳酸饮料、维生素 C 等也可以在不同程度上延缓苹果的氧化。

面包上的手掌印

引 入

我们都知道饭前便后要洗手，使用公共设施后要洗手，购物取钱后要洗手，与人握手后要洗手，遮挡喷嚏后要洗手……但有时候你会不会觉得，洗手之前我的手也看不出来有多脏呀，擦了香皂洗完手之后，也看不出来和洗手之前有多大区别呀？

这是因为，附着在我们手上的微生物——细菌、病毒、真菌等等都是我们肉眼看不见的，既然看不见，那要如何来证明它们的存在呢？这次我们通过一个小实验，来对比一下在进食前洗手和不洗手的区别吧！

· 材料预备 ·

面包、保鲜袋、便利贴

【步骤】

❶ 取出两片面包。

❷ 玩耍后、洗手前在一片面包上按出手印。

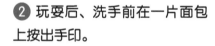

③ 抹上洗手液将手洗干净后，在另一片面包上按出手印。

④ 将两片面包分别装入两个保鲜袋中，并用便利贴做好标注。

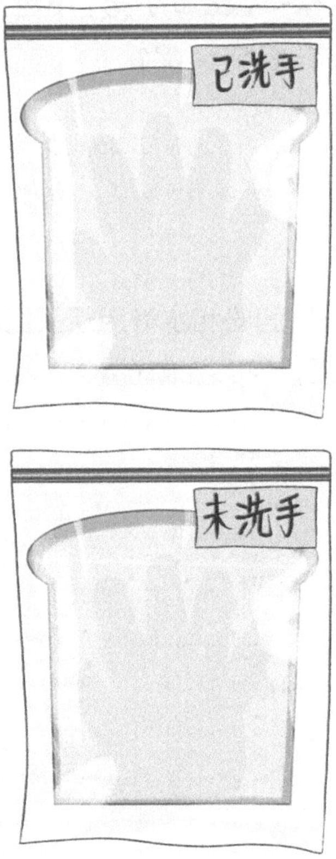

⑤ 几天后，观察面包会发现，未洗手就按压的面包已经开始发霉，而洗完手后按压的面包则好很多。

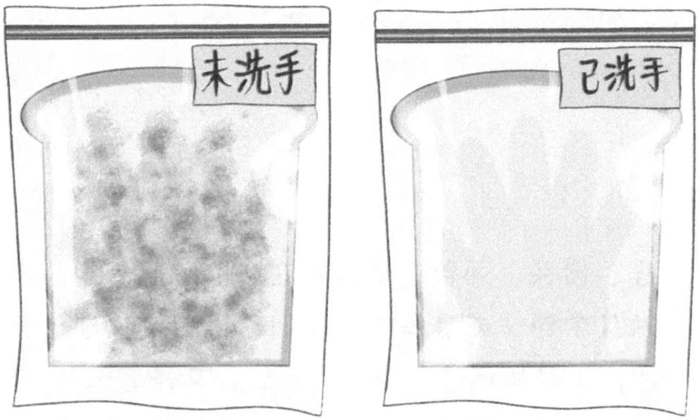

延伸与拓展

知识点：细菌的繁殖

使面包发霉的细菌在我们的生活中无处不在，它们喜欢温暖潮湿的环境，一旦条件适宜就会大量繁殖。在我们出汗的皮肤褶皱里，细菌都可能滋生，因此当我们用手按压面包时，手上的各种微生物包括细菌就会附着在面包上。在一样的环境下，携带着各种微生物的面包就更容易发生霉变，产生大量对人体有害的物质。

我们常说病从口入，如果在饭前接触了不干净的东西，不洗手就去接触食物，就可能会使细菌、病毒等微生物经口腔进入体内，造成疾病的传播。

研究发现，每个人的双手平均携带 1000 万个细菌，甚至比抹布、电梯扶手还要脏，因此我们要勤洗手，保持良好的个人卫生习惯，特别是在流感或传染病高发期，常洗手、勤消毒尤其重要。

让面团越涨越大的酵母

引 入

包子、馒头、面包经常出现在我们的早餐中，它们松松软软，富有弹性。这次我们也试着来做几个包子或馒头作为我们的早餐吧！在制作过程中，你可以观察一下面粉是如何变成面团，又是如何越涨越大，最后，又是怎么被蒸熟，成为我们的早餐的。

在将面团分小团揉成包子时，我们也可以尝试将包子做出卡通样子，比如小猪、小兔等。你可以在上锅之前留下照片，对比一下蒸完之后的样子，看看会有什么变化呢？

· 材料预备 ·

1 千克面粉、6 克酵母、500 克水、10 克白砂糖

【步骤】

❶ 将面粉、白砂糖、水、酵母（提前用少许温水化开）倒入盆中。

❷ 将面粉和水等用筷子搅成絮状后，用手揉成光滑面团。

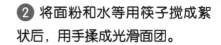

❸ 盖上湿布，等面团发酵至 2 倍大。

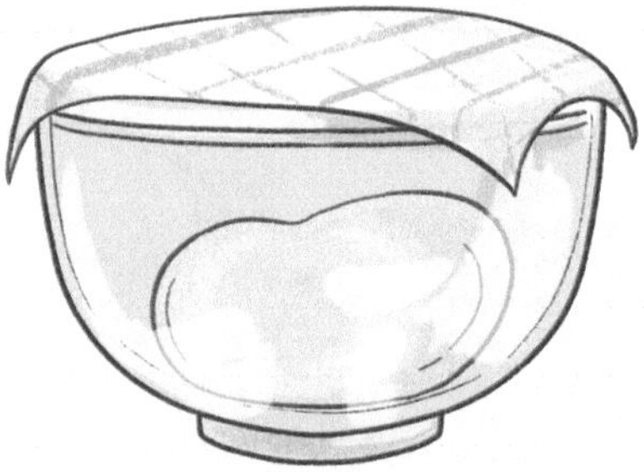

❹ 取出面团揉成长条，并均匀切成小段。

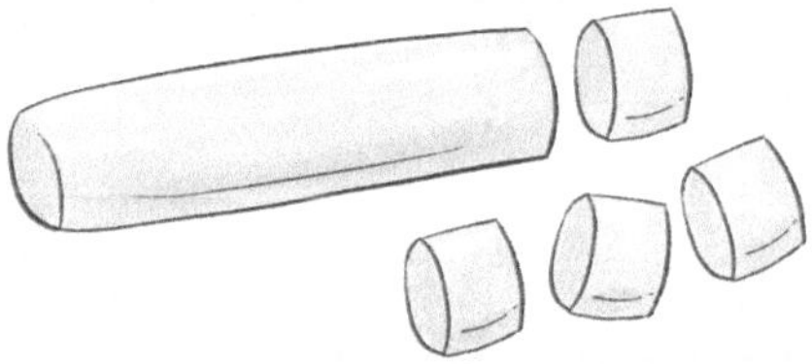

❺ 根据自己的喜好，将面团做成卡通的包子、馒头或花卷，再上锅蒸 20 分钟就可以开动啦！

延伸与拓展

知识点：发酵

松软可口的面食在制作中离不开一个重要的过程——发面。发面是指在一定温度和湿度下，让酵母充分繁殖产生气体，促使面团膨胀的过程。发酵是指微生物在有氧或无氧条件下，分解各种有机物，产生能量的过程。

酵母是一种有生命的微生物，它需要吃东西才能生长、繁殖和代谢，酵母最喜欢吃的食物是糖分，而面粉最主要的成分就是糖类物质，所以当酵母遇上面粉，一系列的反应便开始了。酵母从糖类物质中获得能量，生长代谢，酵母细胞中含有大量的酶，在发酵过程中，转化糖类物质产生了二氧化碳、酒精和热量。之所以我们会发现面团越来越大，是因为面团里包裹着酵母发酵所产生的二氧化碳。酵母除了可以作用于面团做面包之外，还可以作用于果汁或麦芽汁等，还能做出香浓的美酒。

用柠檬导电点亮小灯

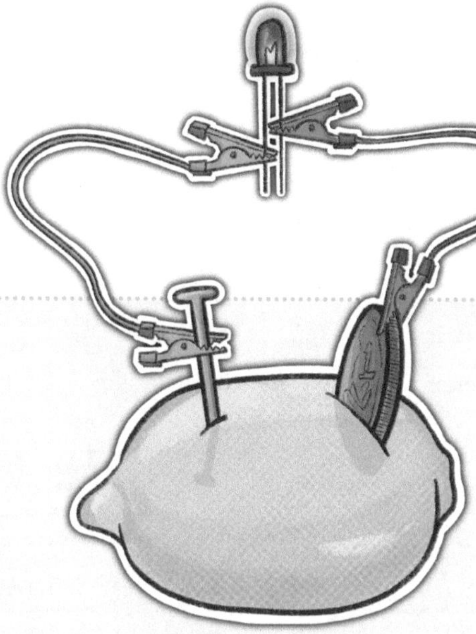

引 入

提到柠檬你会想到什么呢？酸爽的口感、清新的食材、健康的柠檬水。

其实酸酸的柠檬还有我们意想不到的用处呢！柠檬中酸酸的汁水，居然可以作为电池点亮小灯，是不是很神奇？快来试试吧！

· 材料预备 ·

柠檬、实验导线、迷你小灯泡（发光二极管）、硬币、铁钉

【步骤】

❶ 准备一颗柠檬、一枚硬币和一根铁钉。

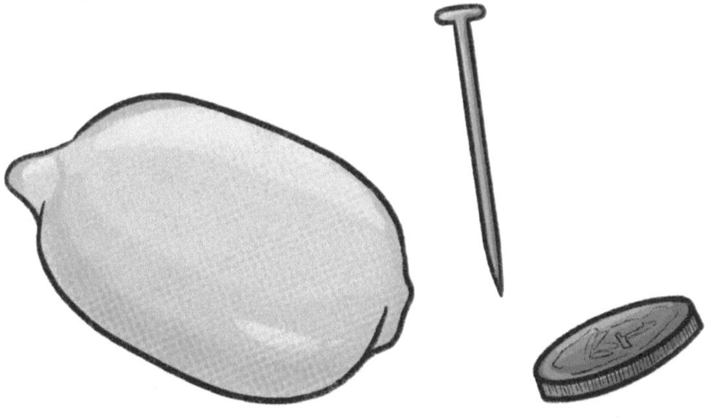

❷ 将柠檬两端切开，分别插入硬币和铁钉。

❸ 取两根实验导线，将一根导线的两头分别夹住铁钉和小灯泡的一端，将另一根导线的两头分别夹住硬币和小灯泡的另一端，这时小灯就会亮了。

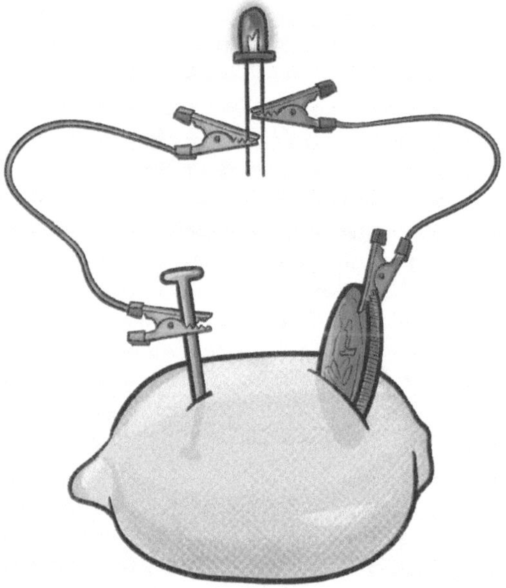

延伸与拓展

知识点：电解质

电解质是溶于水溶液中或在熔融状态下能够导电的化合物，包括大多数可溶性盐、酸和碱。

柠檬是富含柠檬酸的多汁性果实，同时由于不同金属的电化学活性是不一样的，若在柠檬的两端插入两种活性不同的金属导体（如铜和铁、铝和铁、铜和锌等）并接成回路，更活跃的金属（铁）能置换出柠檬中酸性物质的氢离子，产生了正电荷，为了保持电压平衡，带有负电荷的电子会流向铜硬币一端，整个电路就产生了电荷的流动。酸液里的电解反应使电路中产生了电流，这就是原电池反应现象。其实只要是有酸碱度的水果，都可以产生原电池反应。

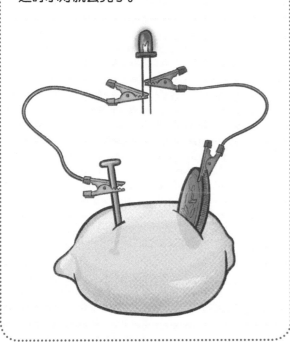

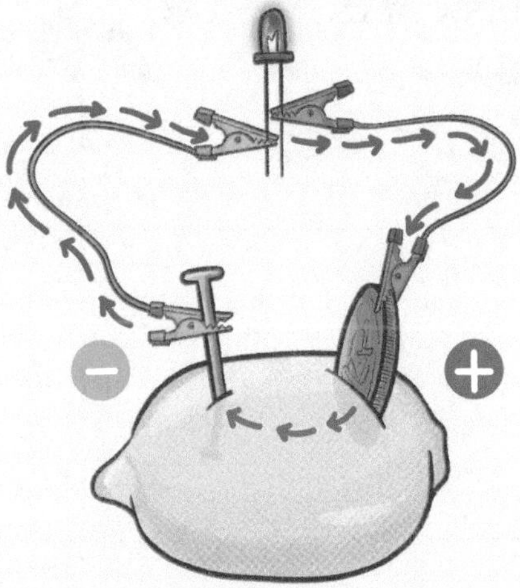

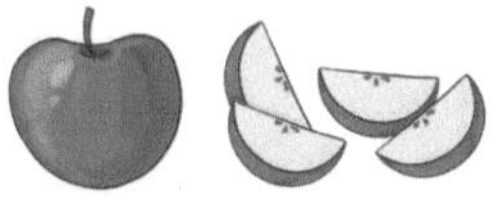

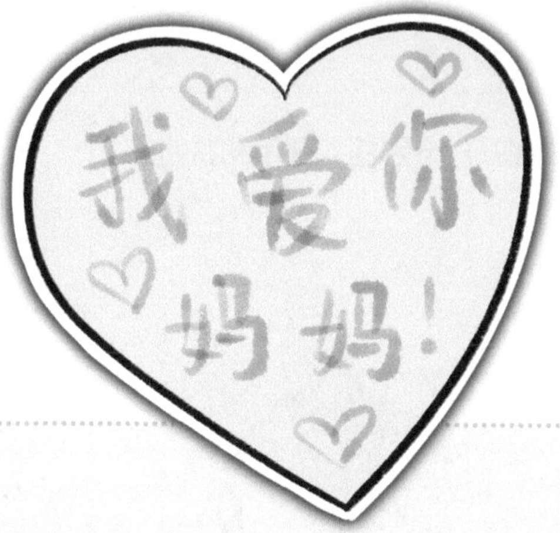

加热才可见的神秘地图

引　入

在上一个实验中，我们用柠檬点亮了小灯，这个实验里，我们继续来挖掘一下酸酸的柠檬汁的其他用途。

这次，我们想象自己是一名秘密特工，用柠檬汁来做一张神秘地图，或写下一个小秘密，等柠檬汁干了之后，白纸上什么也看不到，像是一张无字天书，但是当我们加热纸张时，神秘的地图便慢慢变成褐色显现了出来，是不是特别神奇呢？

·材料预备·

柠檬、白纸、棉签、碟子（或其他容器）

【步骤】

❶ 挤出柠檬汁。

❷ 用棉签蘸取柠檬汁在纸上画画或写字，待透明的柠檬汁晾干后，白纸上什么都看不到。

❸ 加热白纸，可使用吹风机、蜡烛、烘烤等方式进行加热。

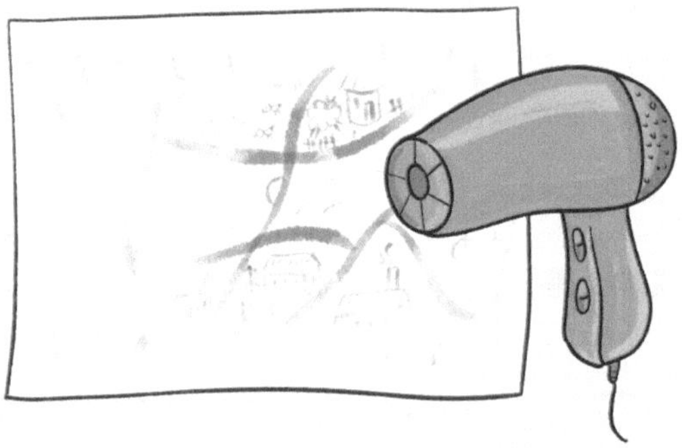

❹ 加热后，用柠檬汁画出的图案便变成了可见的棕褐色显现出来。

延伸与拓展

知识点：有机物的碳化反应

为什么柠檬汁可以作为隐形墨水呢？因为柠檬汁中所含的有机物遇热脱水会发生碳化反应，纸的主要构成物质——纤维素也是有机物，也会发生碳化。而柠檬汁比一般纸的碳化温度要低，所以纸上被柠檬汁涂过的地方，遇热会先碳化成棕褐色，自然就浮现出我们所写所画的内容了。其实除了柠檬汁外，牛奶也可以达到同样的效果。

动态的色彩漩涡

引 入

你喜欢画画吗？你平时都是用什么工具来作画的呢？

今天，我们来尝试用牛奶、色素和洗洁精来创作一幅神奇的水墨画吧！在混有色素的牛奶中加入一点点洗洁精，就能让颜料开花，形成神奇的动态漩涡。让我们一起来感受色彩的律动、动态的艺术吧！

· 材料预备 ·

牛奶、盘子、色素、洗洁精、棉签、碟子（或其他容器）

【步骤】

❶ 在盛有牛奶的盘子中，滴入几种不同颜色的色素。

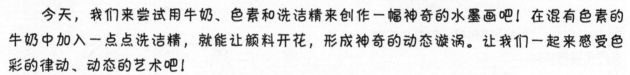

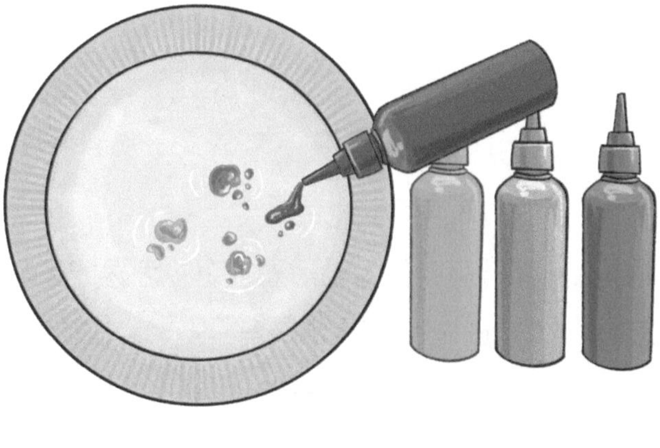

❷ 准备一小碟洗洁精和一根棉签。

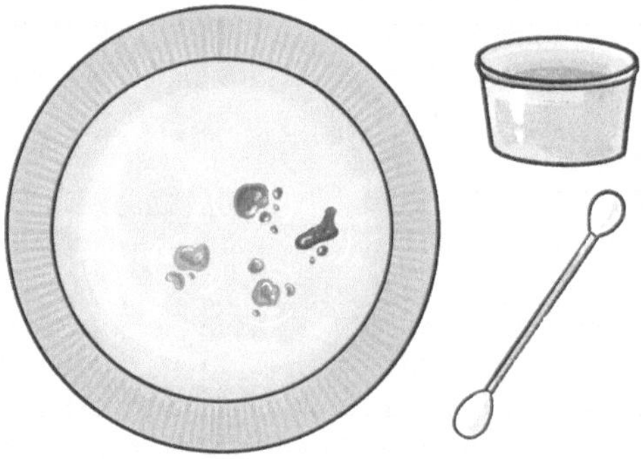

❸ 用棉签蘸取洗洁精后插入盘中，你就会发现盘子里的颜料开始流动起来，形成了神奇的动态漩涡！

延伸与拓展

知识点：表面活性剂

牛奶是一种复杂的混合物。看似“单纯”的白色液体中，其实包含了水、脂肪、蛋白质、糖类及无机盐等多种成分。因为脂类物质是油性的，与水不相溶，且密度较小，所以在牛奶中，脂肪是以一个个“小乳滴”的形式悬浮于上层水域，从而在牛奶表面形成了一层比较稳定的“油脂层”。

而一般的食用色素是水溶性的，它可以与水分子迅速“打成一片”，但对油性液体就“敬而远之”了。当色素被滴入牛奶时，它与牛奶中的油脂不会快速融合。

但当我们滴入洗洁精之后，洗洁精的主要成分——表面活性剂便与牛奶中的脂肪结成小的胶团颗粒，使液体内部发生了变化，被搅动的牛奶带动色素翻滚运动，就形成了色彩绚丽、线条流畅的美丽“水墨画”。

YANGTAI
SHIYANSHI

阳台实验室

阳台实验室

小麦草娃娃生长日记

引 入

你观察过一粒种子从发芽到生长的过程吗？这次，我们尝试用透明罐子来种小麦草，我们可以通过透明的瓶体来观察从种子到发芽到长出小麦草的整个过程，并且在日记本上记录“小麦草娃娃”每一天的变化。等“娃娃”的“头发”变长了，我们还可以帮它扎辫子或修整发型。这些剪下来的“头发”，也就是小麦草，还可以拿来榨汁喝哦！

· 材料预备 ·

透明玻璃罐或塑料杯、小麦草种子、喷水壶、纸巾

【步骤】

① 将小麦草种子浸水，在阴凉处浸泡 24 小时后倒干水。清洗种子后将其置于阴凉处，每隔 12 小时用喷壶将种子喷湿。

② 当种子出现一条白色“小尾巴”的时候就可以播种啦！小麦草可以土培（在容器底部铺上土）或水培（在容器底部铺上浸湿的纸巾或棉花）。

③ 播种后每天浇水一次，置于有阳光照射的地方，但要避免暴晒。

④ 小麦草最佳的生长周期大约为 7~12 天。当看到第二片刀叶长出来或叶片开始分裂的时候就可以收割了，这时的小麦草营养含量是最高的。

延伸与拓展

知识点：种子的萌发

种子的萌发需要适宜的温度、适量的水分和充足的空气。种子萌发的过程第一步是吸胀，种子浸水后，种皮膨胀软化，种子的体积会迅速增大到一倍以上，软化后的种皮对气体的通透性增加，使得种子的呼吸和代谢作用急剧增强，由此启动了一系列复杂的幼苗形态发生过程。接着种子开始生长，种子内贮存的营养物质开始大量消耗，细胞迅速分裂。下一阶段，种子开始冒出胚根，长出胚芽，接着长出根茎叶，形成了幼苗。

找找看家里还有哪些其他的种子呢？是不是也可以用同样的方法种出幼苗呢？来试试看吧！

一片叶子开出了小花

引 入

在上一个实验中，我们观察了一粒种子从萌发到长成植株的过程，那么除了用种子种出一株新植物，还有哪些其他的方式可以种出植物呢？

在这个实验中我们将体验植物的营养繁殖，无需种子，只要一小片叶子便可以种出一盆美丽的多肉植物啦！我们可以用拍照或日记的方式来记录多肉宝宝的成过程哦！

材料预备

一株多肉植物或几片多肉植物的叶子、一盆土

【步骤】

1 从一株多肉植物上轻轻掰下几片叶片。

② 将叶片放在土上。

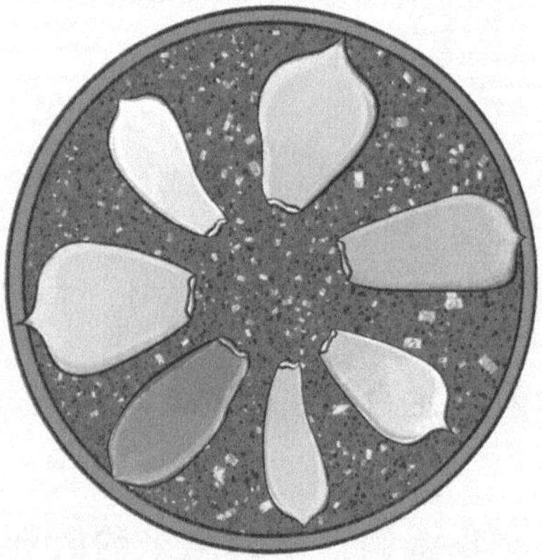

③ 叶片会慢慢向土里扎根，2 ~ 3 周后便会发出小芽。

④ 当小芽越长越大，叶片也会越来越干枯，最后小芽会长成母体的样子。

延伸与拓展

知识点：植物的叶插繁殖

植物繁殖是指植物产生同自己相似的个体的过程，这是植物繁衍后代，延续生命的方式。

植物的繁殖方式主要有无性繁殖、种子繁殖和孢子繁殖等。我们上一个实验中用种子种出小麦草就是属于种子繁殖，而在这个实验中多肉植物的叶插是属于无性繁殖中的营养繁殖。营养繁殖是将植物的营养器官分离培育成独立新个体的繁殖方式，叶插方式繁殖是营养繁殖的一种形式，用这种方式繁殖的后代来自同一植物的营养体，它的个体发育不是重新开始，而是母体发育的继续。营养繁殖非常便捷，成活率也很高。

我想知道风从哪里来

引入

天气与我们的日常生活息息相关，我们常会通过天气预报来决定自己的穿衣和出行计划。影响天气的因素有很多，其中风对气候起着主导作用。

不同来向的风会给我们带来不同的感受：从海洋上来的风比较湿润，从内陆来的风则比较干燥；从更低纬度来的风会带来热量，而从更高纬度来的风会引起降温。

现在我们来做一个简易的风向标，完成后将它放置在阳台上，看看现在吹的是什么风呢？结合地图来判断预测一下天气吧！

· 材料预备 ·

吸管、剪刀、卡纸、画笔、铅笔、大头钉、橡皮泥、纸盘

【步骤】

① 取一根吸管，按照图示方式剪开两端。

② 在卡纸上画出一个三角形和梯形，并剪出来。

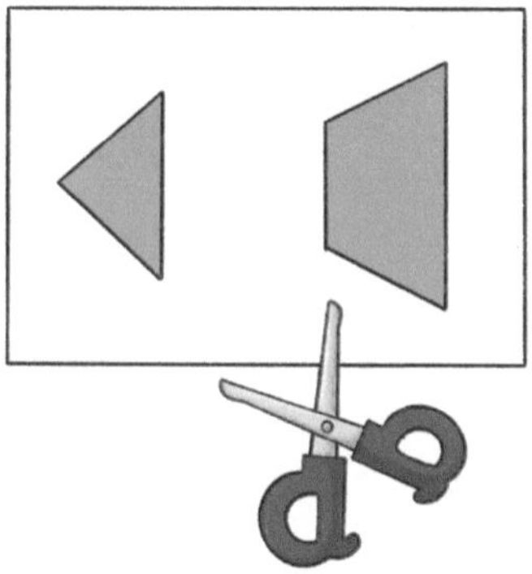

③ 将剪下来的三角形和梯形分别插在吸管的两端。

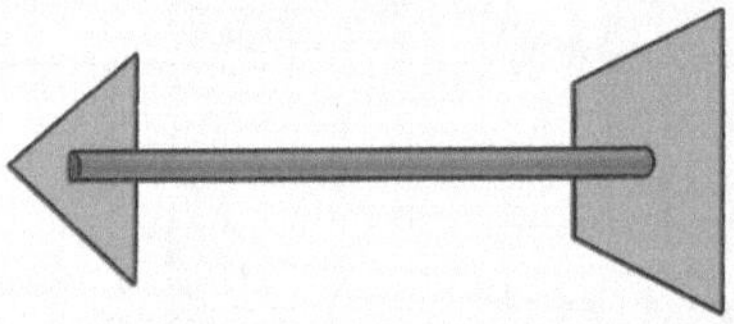

④ 取一根大头钉，将吸管钉入带橡皮的铅笔中，使吸管可以灵活转动。

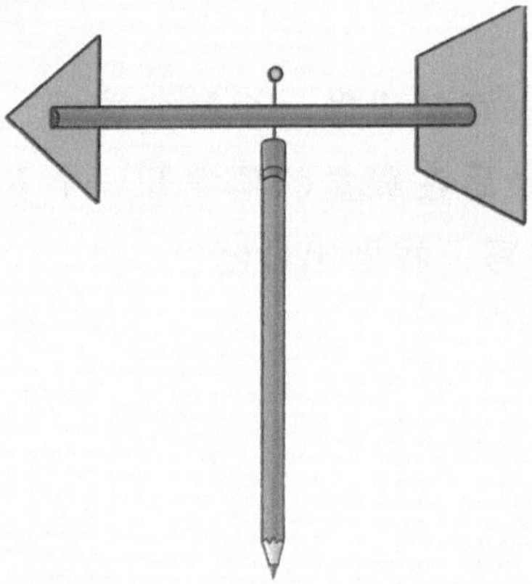

⑤ 取一坨橡皮泥，将铅笔笔头插入橡皮泥，再将它们整体固定在纸盘上。

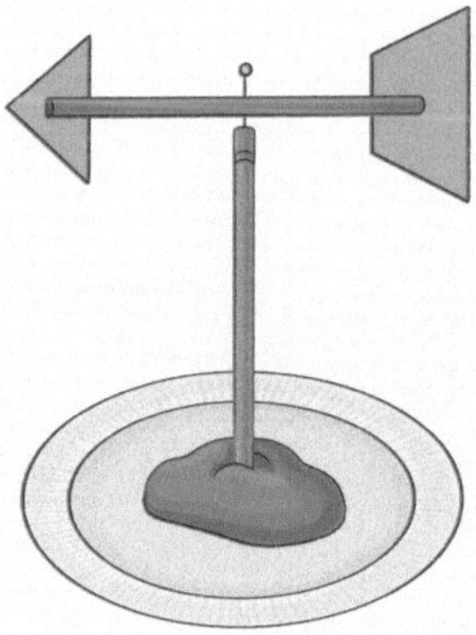

⑥ 在纸盘上标注好方向，使用时，用指南针辅助，将纸盘中的方向转至与地理方向对应的角度。这时，我们就可以根据箭头的指向来确定风向啦！

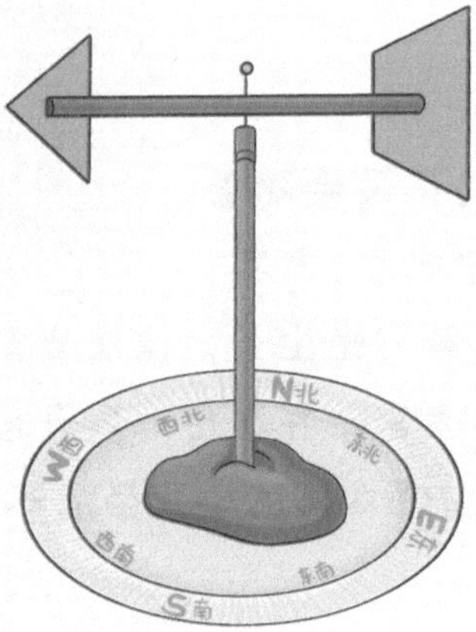

⑦ 此外，我们还可以在卡纸上画出好玩的卡通图案，粘贴在吸管上，来装饰我们的风向标。

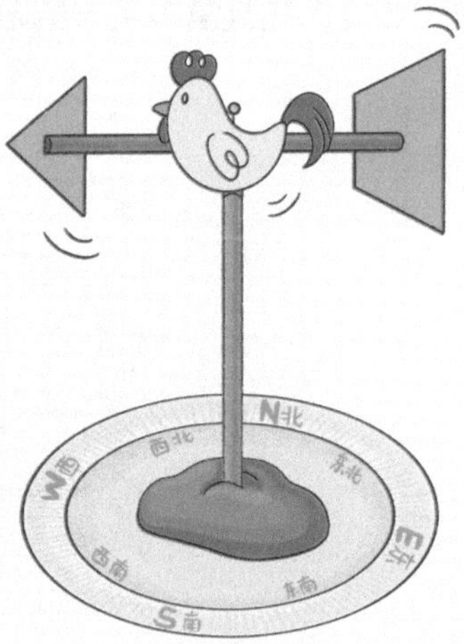

延伸与拓展

知识点：力的平衡

风向标是用于测定风的来向的仪器，通常由一个形状不对称的物体组成，它的重心固定在一个垂直的轴上。当风吹来时，对空气流动产生较大阻力的一端便会顺风转动，以此显示风向。

在这个实验中，我们制作的风向标的箭头永远指向风来的方向，因为梯形的箭尾与风的接触面积比三角形的箭头要大，当风同时吹向箭头和箭尾时，与风接触面积更大的箭尾必定会被风推向后方，使与风接触面积更小的箭头移向风的来向。如果风的来向正对着风向标的箭头，由于两侧的力是对称的，可以达到受力平衡，风向标便会稳定在这一方向。

会走迷宫的小豆苗

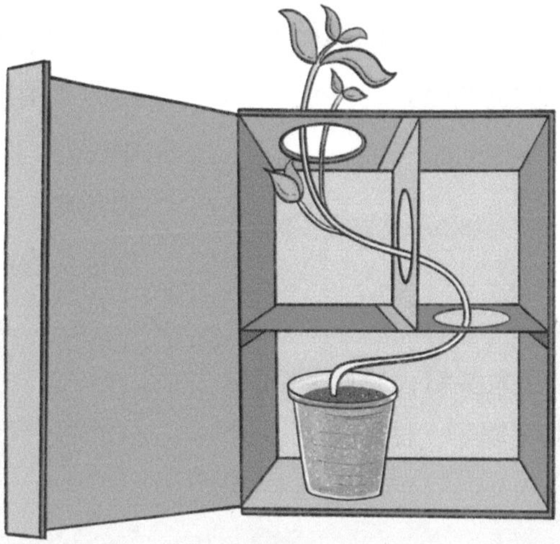

引　入

你见过向日葵吗？向日葵的花朵会随着太阳的移动而转动，因此得了这个名字。其实，除了向日葵，大部分植物都会向着阳光生长，这次我们给一株小豆苗来做一个鞋盒迷宫，在密闭的鞋盒内用纸板搭出多层迷宫，并在每一层开出孔洞，最后在鞋盒的顶端开一个孔洞让阳光可以照进来。看看我们爱晒太阳的小豆苗能不能绕过迷宫，找到出口呢？

·材料预备·

一株豆苗、鞋盒、卡纸、双面胶/胶棒、剪刀

【步骤】

❶ 在鞋盒中用卡纸做出隔层，并剪出孔洞。

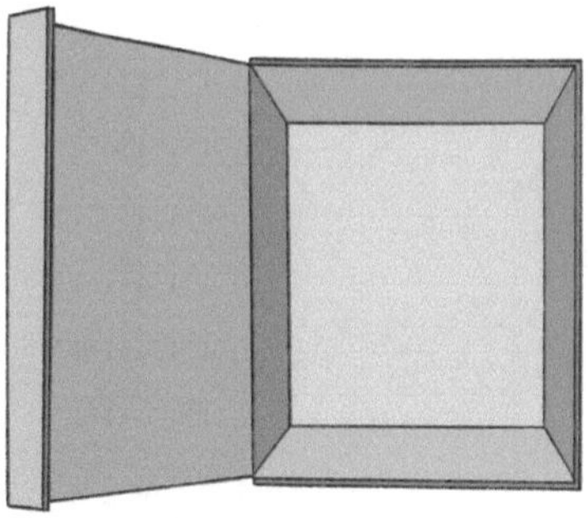

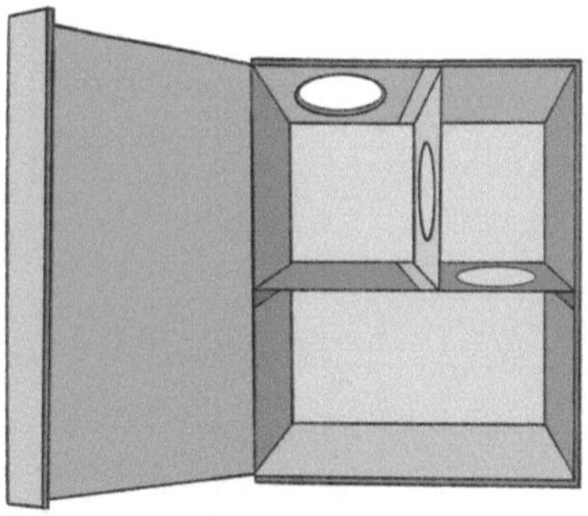

② 在鞋盒迷宫底部放一株发了芽的豆苗，合上盖子，将鞋盒放置在有阳光照射的地方，并定时给豆苗浇水。

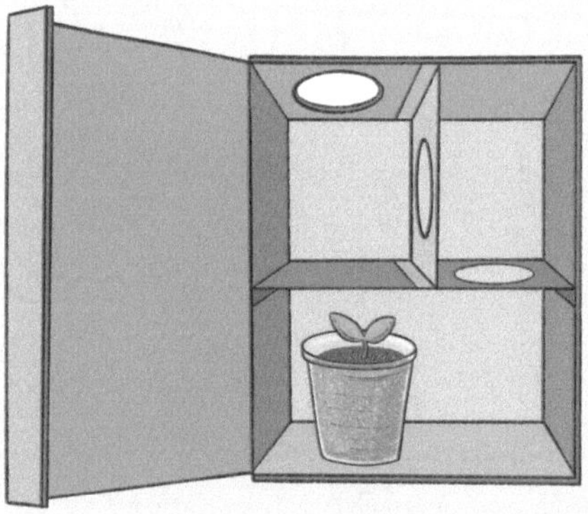

③ 一段时间后，在阳光的引导下，豆苗会绕过重重关卡，找到出口。

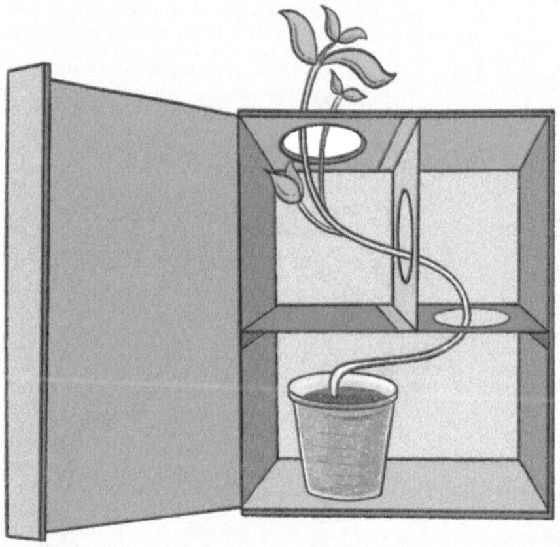

延伸与拓展

知识点：植物的向光性

植物的生长离不开阳光。植物的茎叶朝向阳光充足的地方生长，因而引起生长弯曲的现象，被称为植物的向光性。植物向着光生长，有利于获得更大面积、更多的光照，有利于进行光合作用，以维持植物更好地生长。

植物对光的敏感性引导着它们生长的方向，即使鞋盒中光线微弱，也能使我们的小豆苗弯弯曲曲地朝着有光的方向生长。不过，你会发现它的颜色有些苍白，那是因为在弱光黑暗的环境下无法合成足够的叶绿素，才让小豆苗看起来没那么“健康”。

植物“喝水”的吸管

引　入

你知道植物是怎么“喝水”的吗？你给植物浇过水吗？浇水的时候是浇在叶片上还是泥土里呢？植物的生存和我们人类一样需要水、阳光和空气，我们通过嘴巴来喝水，而植物又是如何喝水的呢？这次我们通过一个让花朵变色的小实验，来看看植物是如何喝水的吧！

·材料预备·

一枝花（白色或浅色花瓣）、颜料、一次性水杯、水、剪刀

【步骤】

❶ 将花的茎剪开成三叉。

② 用颜料调出 3 种颜色的水，将枝叉分别插入 3 个杯子中。

③ 一段时间后，我们会发现白色的花瓣开始出现了色彩。

延伸与拓展

知识点：植物的蒸腾作用

植物是从根部吸收水分的，而植物的茎就像一根吸管，把根部的水一路吸上来，并通过毛细管供给叶片和花朵。那这个往上吸的力是如何产生的呢？这是叶片的蒸腾作用产生的。叶片在不断蒸腾的时候，产生了一股向上拉水的力，使水沿着茎不断地上升。

在实验中，杯子里的有色水受到拉力沿着植物喝水的“吸管”——茎，一路来到了花瓣，给花瓣染上了美丽的色彩。

找出叶片的隐藏色彩

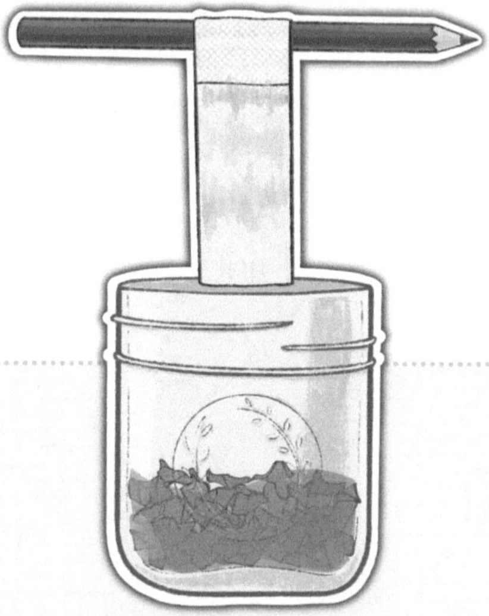

引　入

一年四季，周而复始。春天来临时，万物复苏，所有的植物抽出新芽，长出嫩叶，植物世界生机勃勃；到了秋天，植物世界不再是满目绿色，而是开始变得绚丽多彩起来，树叶们从绿色变成了黄色、橙色或红色，就像大自然打翻的调色盘。

那么树叶为什么会在秋天变色呢？又是怎么变色的呢？我们通过这个小实验来了解一下吧！

·材料预备·

叶片、酒精、一支笔、纸巾、研杵、罐子（水杯）

【步骤】

1 将叶片撕碎，放入小罐子中用研杵捣碎出汁。

② 倒入酒精覆盖住叶片并搅拌，使汁液溶入酒精。

③ 用笔将一条纸巾卷起，将纸巾一端放入酒精中。随着酒精的蒸发，汁液中的色素将沿着纸巾向上“爬“。

④ 待色素分离完成后，取出纸巾，观察叶子中除了绿色还有哪些隐藏着的颜色。

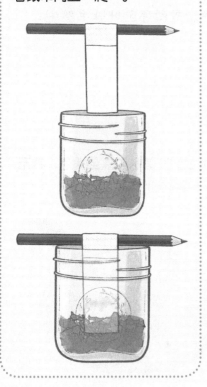

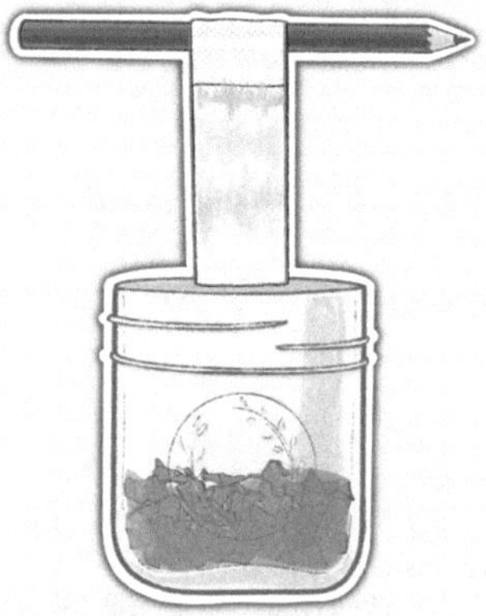

延伸与拓展

知识点：色素层析

在植物中，主要有3种影响叶片颜色的物质，分别是：叶绿素、类胡萝卜素（叶黄素和胡萝卜素）和花青素。这3种色素以叶绿素为主按一定比例存在于叶片中。

在光合作用的过程中，阳光被叶绿素吸收，叶绿素吸收红光和蓝光，但很少吸收绿光，而是将它们反射出来，所以我们能看到叶片是绿色的。但叶绿素并不稳定，它的合成需要较强的光照和较高的温度。在春夏时节，叶绿素的合成量大，比其他色素的含量要大很多，所以那时候大部分叶片是绿色的。而到了秋天，天气转凉，日照时间变短，叶绿素合成的速度变慢，叶片中的叶绿素开始减少，而类胡萝卜素和花青素相对于叶绿素要稳定很多，这时候叶片中类胡萝卜素和花青素所占的比例就增加了，因此叶片便呈现出了黄色、橙色或红色。

在这个实验中，我们进行了叶片色素的层析，由于不同色素的溶解度不同，导致了它们在纸巾上扩散的速度不同，像溶解度高的胡萝卜素会更容易被酒精带走，因此不同颜色的色素在纸巾中向上爬时便被一一分离了出来，叶片中隐藏的色彩也就被我们发现了。

隐藏在叶片中的叶脉网络

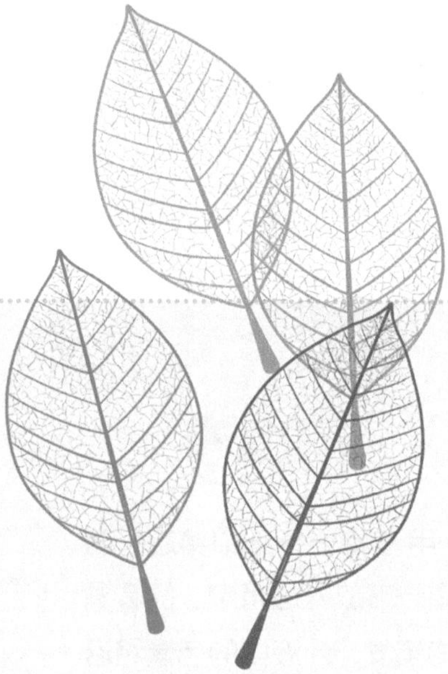

引　入

你知道一片薄薄的叶子都由哪些结构组成的吗？其实叶片中隐藏着错综复杂的脉络，就像一座城市的交通网，有“主干道”也有“小街小巷”，正是这些“网络”将水和养分送到叶片的每一个角落，它们是植物重要的“交通线”。

通过这个实验我们来看看隐藏在叶片中的叶脉网络，并将它制成漂亮的叶脉书签吧！

·材料预备·

叶片、碱水（可用小苏打加水制成）、牙刷、颜料

【步骤】

① 选取厚一点的植物叶片，将它们在碱水中煮至褐色，若无碱水，也可让叶子在水中浸泡一周直至叶肉软烂。

② 取出叶片洗净后，用刷子轻轻刷去表面软化的叶肉。

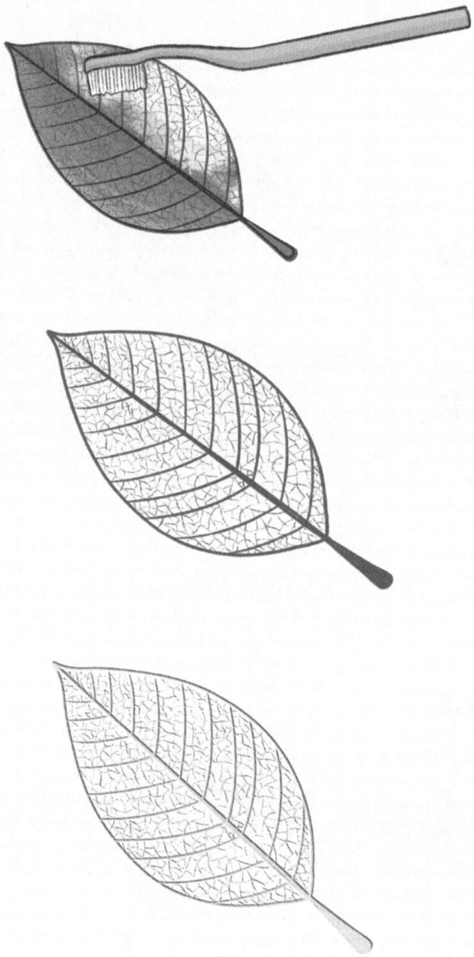

③ 将叶脉涂上或染上喜欢的颜色。

延伸与拓展

知识点：叶片的结构

一般来说植物的叶脉是由坚韧的纤维素构成的，在碱水中不易被煮烂，而叶脉四周的叶肉在碱水中很容易被煮烂，将煮烂的叶肉刷去之后，便留下了网状的叶脉组织。

我们看到叶片中间较为粗壮的叶脉便是主脉，主脉两侧分出的细小分支被称为侧脉，侧脉上又分出更为细小的分支被称为细脉。就这样一分再分，便把整个叶脉系统连成了细密的网状结构。

叶脉的网状结构一方面为叶片输导了水和养分，同时输出了光合作用的产物；另一方面又起到了支撑叶片的作用。

鲜花标本，留住春天的美

引 入

春天到来时，鲜花盛开，争芳斗艳，姹紫嫣红，颇为美丽。鲜花保存时间很短，虽然美丽却无法常开不败，那有没有办法能留住它盛开时的美丽呢？

我们一起来做鲜花标本吧！留住春天的脚步，让花朵停留在最美的样子，来装饰我们的生活。

·材料预备·

野花、书本、相框

【步骤】

1 采集一把漂亮的野花。

② 将新鲜的野花夹在厚书中，最好铺上纸巾以防汁液渗到书页中。合上书本后，再多放几本书在其上方，以增加重量。

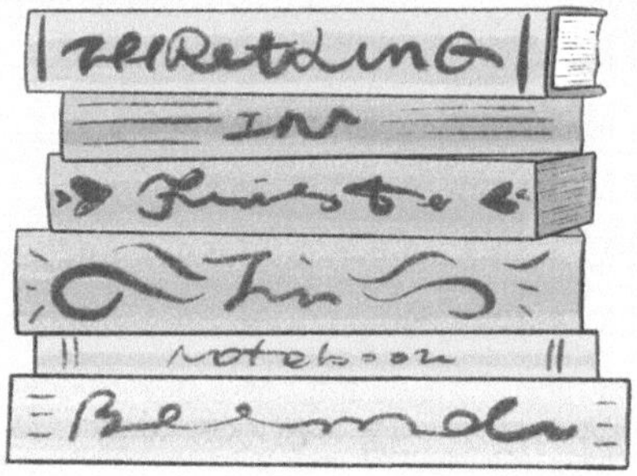

③ 静待 3 ~ 5 天，当花朵完全干透时，便可将其轻轻取出，装裱在相框里。

延伸与拓展

知识点：标本的制作

鲜花之所以容易腐烂，主要是因为新鲜的花朵中含有水分，潮湿会加速微生物和细菌的作用，所以花瓣腐化变质就很容易发生了。想要长期保存鲜花，我们要做的便是想办法去掉花瓣、枝干与叶片中的水分。制作植物标本只须经过干燥处理和压制定型，便可轻松保存花朵盛开时的美丽形态了。

除了用书本来压制鲜花制作标本之外，我们还可以在鲜花上铺上纸巾，用熨斗来烙干花朵，也可以利用微波炉来烘干花朵。

将春天编织成花环

引 入

在百花盛放的春天，我们总喜欢去户外踏青拍照，这时候如果能有一个美丽的花环来做装饰，就更好啦！我们可以利用遍地的野花来编织，也可以利用有弹性和韧劲的枝条来编织。总之，你可以发挥想象力，将春天“戴”在身上吧！

材料预备

野花

【步骤】

1 采集一把野花。

2 将两枝花一横一纵交叉放置。

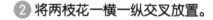

③ 将纵向的花枝如图向后绕过横向的花枝。

④ 加入第三枝花，以同样的方式向后绕过花枝。

⑤ 逐一加入花枝，以同样的方式编织到想要的长度为止。

⑥ 将编织好的花枝卷成圆环状，将末端多余的花枝插入前端的绕环处加以固定。这样，一个花环就做好啦！

延伸与拓展

知识点：编织

编织是指将线状或条状材料，经过重复交叠的过程，形成一个平面或立体结构的技术。编织物因材料的重复交叠会形成循环出现的格子状或网状，有的中间不紧密，形成镂空，并用交叠的方式收边。

编织是人类最古老的手工艺之一，早在旧石器时代，人类便以植物韧皮来编织网兜，发展到现在更有竹编、藤编、草编、柳编、麻编等多种编织工艺，用于日用品和装饰。

在日常生活中，我们也可以利用手边的材料，比如彩色的绳子、毛绒扭棒、落叶、野花等来编织出美丽的装饰品。

自动续粮的喂鸟器

引 入

春眠不觉晓，处处闻啼鸟。在春天到来的时候，我们经常会见到叽叽喳喳、十分俏皮的小鸟。这次我们尝试来做一个喂鸟器，来投喂这些春天里的小访客吧！

一起来想一想，应该如何做出一个可以让小鸟站立、轻松啄食到鸟粮、不易被雨淋湿又能自动续粮的喂鸟器呢？

材料预备

空牛奶盒、画笔、剪刀、吸管、麻绳、胶带、彩色卡纸

【步骤】

1 沿红色实线剪开盒子的两侧，并沿虚线将剪开的部分向内折叠，并用胶带固定。

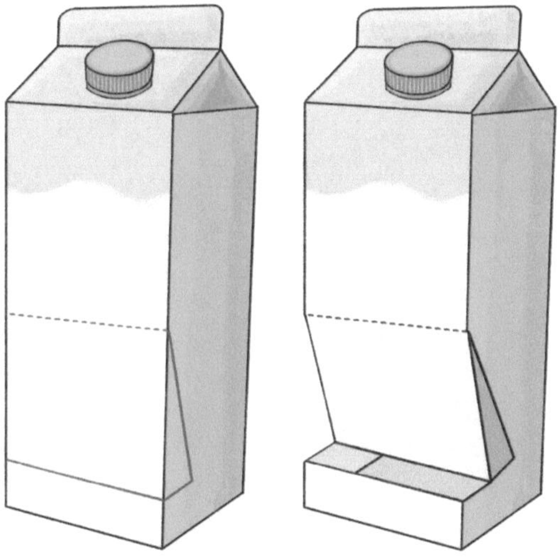

②拿出彩笔和卡纸，将我们的盒子装饰一番吧！

③在盒子的底部穿孔，穿过一根吸管，方便小鸟站立。在盒子的顶部绑上棉线，方便将喂鸟器挂起来。

④打开顶部的盖子，在盒子中倒满鸟粮，我们的喂鸟器就完成啦！

延伸与拓展

知识点：重力

可以制作自动续粮喂鸟器的物品有很多。我们可以用饮料瓶或牛奶盒装满鸟粮，再在下方开几个孔，就能制成一个简易的喂鸟器了。每当小鸟们啄食了下方的鸟粮，上方的鸟粮便会自动落下来，这其实是利用了重力原理：物体由于地心引力的吸引而受到的力就是重力，重力的方向总是竖直向下的。所以当下方空了之后，上方的鸟粮就自然往下落了。

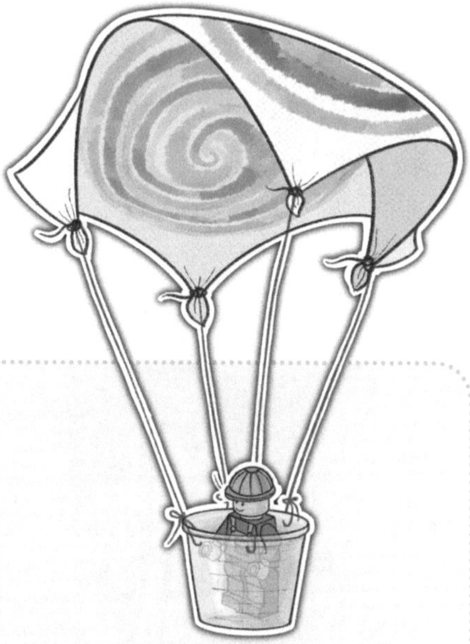

缓缓飘落的降落伞

引 入

在日常生活中，你有没有不小心从高处掉落玩具或其他物体，导致其破碎的经历呢？

这次我们来做一个简易的降落伞，看看怎样让一个不是太重的物体即使从高处落下也可以完好无损。

通常在包装袋内的纸巾都是被折叠成一小块长方形，我们抽出一张并放手，会发现被折叠成小块的纸巾很快便落地了。现在，我们把这张纸巾打开，摊到最大，它就成了一张大大的正方形的薄纸片，这时我们再放手，就会发现它下落的速度慢了很多，有风的时候，甚至在空中飘了起来。这是因为被摊开后的纸巾和空气的接触面积变大了，加上纸巾本身的自重又很轻，所以不会快速落地，而是慢慢地从半空中飘落下来。

这次我们就用这张摊开的纸巾来给玩具做一个降落伞吧！

· 材料预备 ·

纸巾、棉线、一次性水杯、小玩具、画笔

【步骤】

1 将一张纸巾摊开到最大。

② 拿出彩笔，在纸巾上画出喜欢的图案。

③ 在纸巾的 4 个角上绑上长度一样的棉线。

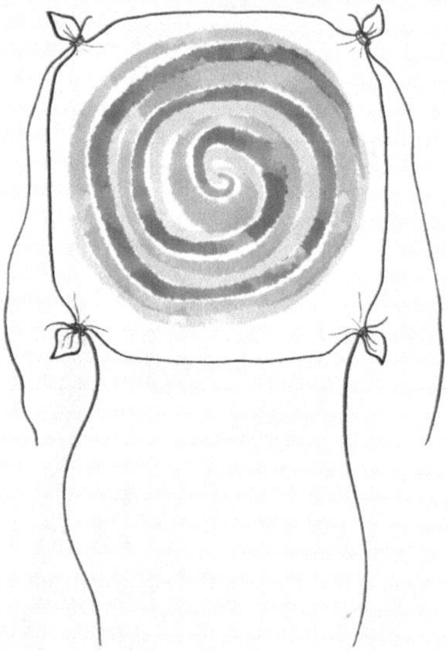

④ 将棉线的另一端绑在一次性杯子上，一个简易的降落伞就完成啦！

⑤ 尝试将一个轻一点的小玩具放入杯子中，让降落伞从高处落下。

延伸与拓展

知识点：空气阻力

在物体下落的时候，有两种方向相反的力会作用在下落的物体上，分别是重力和阻力。物体由于地球的吸引而受到的力叫重力，重力的方向总是竖直向下的，而阻力是指妨碍物体运动的作用力。在物体下落的场景中，阻力就是妨碍物体下落的作用力。降落伞正是利用了通过增大与空气的接触面积来增大空气阻力的原理来降低物体下降的速度，从而使物体或人减速并稳定地降落。

日光时钟——看影子辨时间

引　入

在古代没有钟表的时候，人们是如何来确认一天中不同的时间呢？

聪明的古人发明了用大块的石头圆盘和铁针做成的日晷（guǐ），来分辨时间。

日晷，本义是指太阳的影子。它的原理就是利用太阳的投影来测定并划分时间。日晷通常由晷针和带刻度的晷面组成。利用日晷来计时的方法是人类在天文计时领域的重大发明，这项发明已被人类沿用达几千年之久。

这次，我们也来试试自己动手做一个日晷吧！

·材料预备·

圆形纸盘、铅笔、橡皮泥或轻黏土、画笔

【步骤】

❶ 准备一个纸盘、一支铅笔或木棒、一小坨橡皮泥。

② 在纸盘上画出一个太阳的形状。

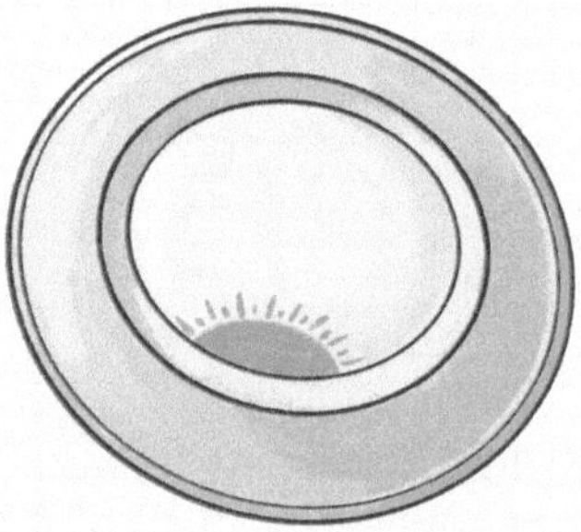

③ 将笔尖插入橡皮泥，并粘在圆盘中间，放置在日光照射处，观察每个整点时刻铅笔在纸盘上的投影，并用笔标记下来。

④ 将日照期间的整点时刻都标注完成，我们的日光时钟——日晷就做好啦！第二天试着看日光时钟来辨别时间吧！

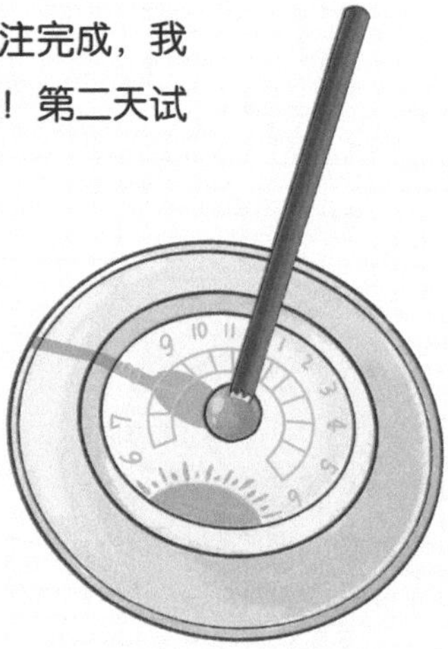

延伸与拓展

知识点：太阳的位置

日晷是利用太阳在不同的高度和方位投射出不同角度的影子来显示时间的工具，它由晷盘和晷针组成。晷针指向北极星，与地轴平行。因此，在不同的地理位置，晷针与晷盘的倾斜角度设置不同。我们可以用 90 度减去我们所在地点的纬度，就能得到晷针的倾斜角度了。

在一天中，太阳照射下的物体所投下的影子，长短和方向都在不停地改变，而影子的方向正与光源方向相反。我们在北半球，早晨太阳从东方升起，所以晷针投下的影子就在西方，以此类推，中午时影子在北方，傍晚时影子在东方。初次使用时，我们可以定时观察和记录每一个整点晷针影子所在的位置，以保证其准确性。

YUSHI
SHIYANSHI

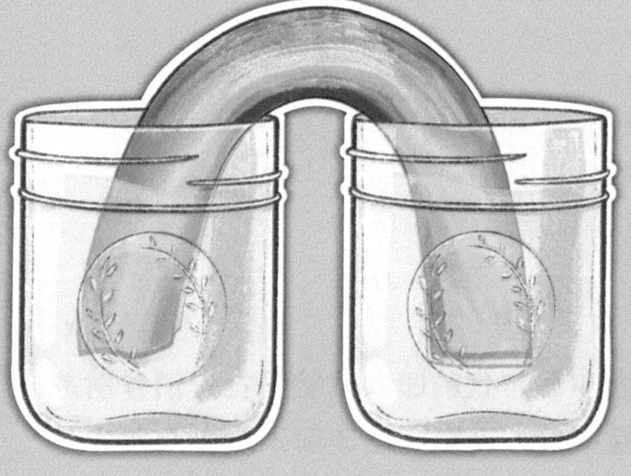

浴室实验室

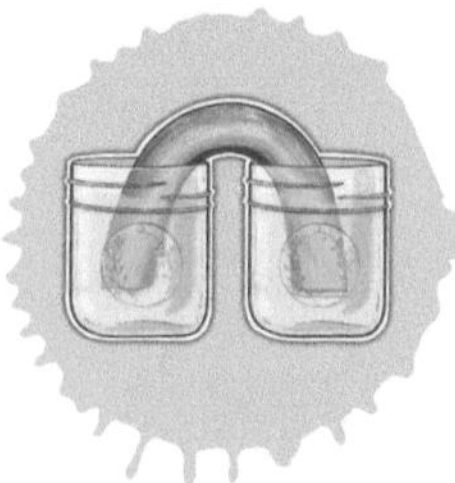

浴室实验室

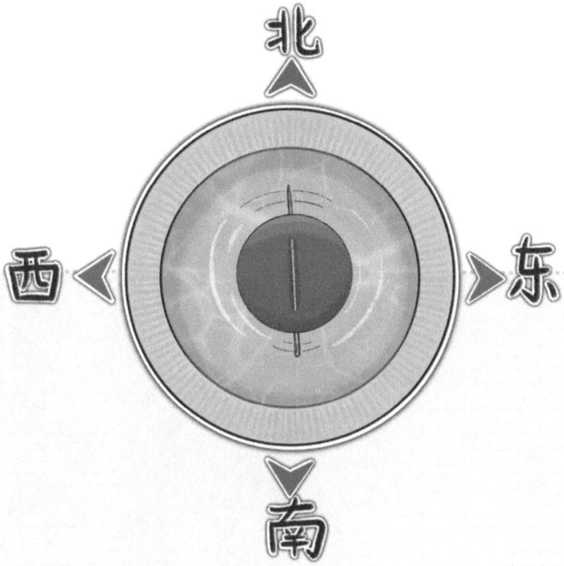

水上罗盘指南针

引 入

你知道中国古代的四大发明吗？它们分别是造纸术、指南针、火药以及印刷术。四大发明是中国古代劳动人民的重要创造，对中国古代及世界文明的发展都产生了巨大的推动作用。

这次我们来看看四大发明中的指南针。指南针是用来判别方位的一种简单仪器，主要组成部分是一根装在轴上可以自由转动的磁针。

沈括在《梦溪笔谈》中明确记载，中国在宋代便已有了水罗盘。水罗盘是一种由浮在水面的磁针构成的指向工具。下面我们就来自己动手做一个吧！

材料预备

磁铁、缝衣针、纸片、一盘水

【步骤】

① 将缝衣针在磁铁上吸附一段时间，或摩擦片刻，使缝衣针磁化。

② 将缝衣针穿过圆形纸片。

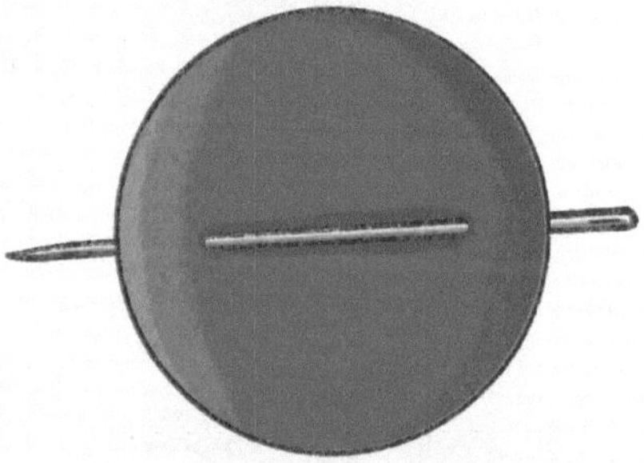

③ 接一盘水，将缝衣针和纸片放在水面上，待其静止观察缝衣针的指向。稳定后，缝衣针的两端会分别指向南北两个方向。

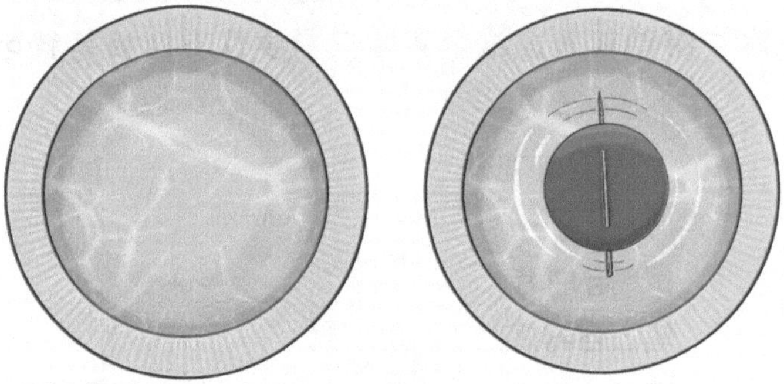

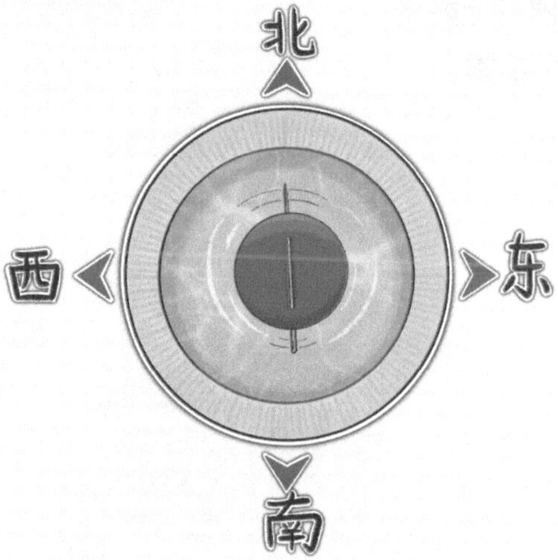

延伸与拓展

知识点：磁化现象

磁铁不仅有吸引铁的性质，还有指向性。如果我们将条形磁铁悬挂起来，静止时，它的两端会分别指向地球的南方和北方，指向北方的一端我们称为北极或 N（North）极，指向南方的一端我们称为南极或 S（South）极。

在这个实验中，我们用缝衣针作为磁体进行指向。铁做的缝衣针并没有磁性，它能产生磁性是因为“磁化”这一现象。“磁化”是指使原来不具有磁性的物质被一个永磁体，比如磁铁，吸附或摩擦一段时间以后，获得磁性的过程。但当它离开这个磁场后，磁性会慢慢消失，这个失去磁性的过程被称为“退磁”。

我画的小鱼游起来啦

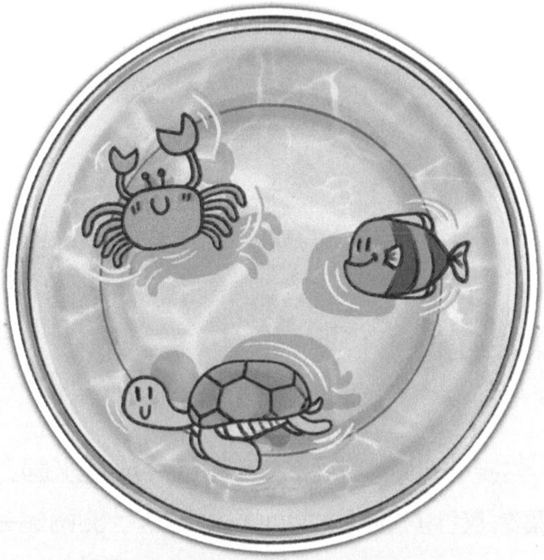

引 入

你知道神笔马良的故事吗？传说中马良有一支神奇的画笔，所画之物都会成真。他用神笔画只小鸟，鸟儿便会扑扑翅膀，飞到天上；他用神笔画条小鱼，鱼儿便会摇摇尾巴，游进水里。

这次，我们也来试试让画的小动物在水中游动起来。这个实验只需要几支白板笔就可以做到哦！

· 材料预备 ·

表面光滑的容器、白板笔、水

【步骤】

① 准备一个表面光滑的容器。

② 用白板笔在容器底部画上好玩的图案。

③ 静置至图案完全干透。

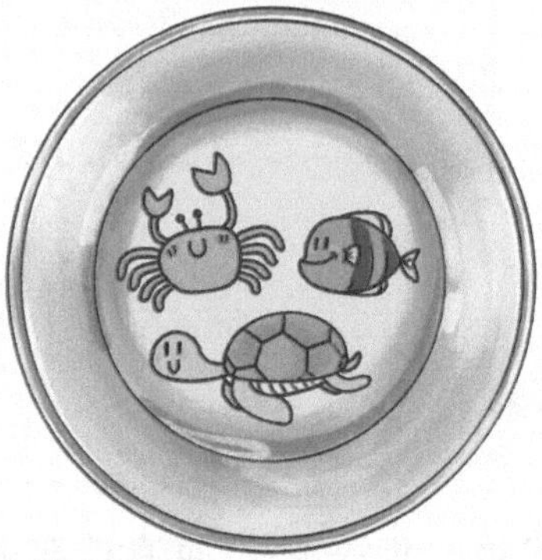

④ 在容器中倒入水，这时你会发现图案逐渐脱离容器底部。

⑤ 待图案完全脱离容器底部后，便会飘到水面上，我们可以轻轻吹气，让它们在水面上飘动起来。

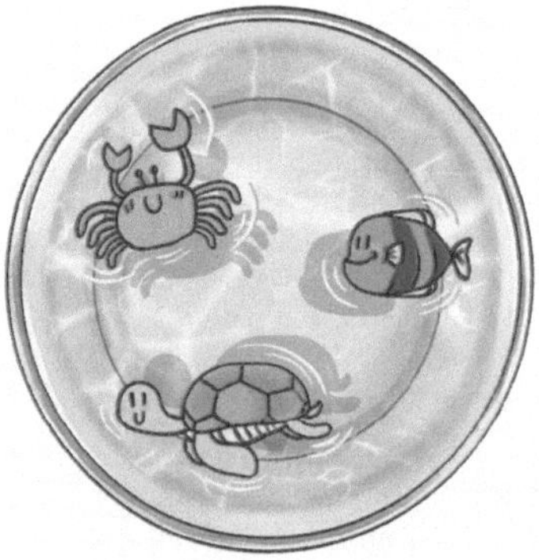

延伸与拓展

知识点：白板笔的特性

我们在实验中所画的图案之所以能在水中漂浮起来，是因为白板笔中墨水的特性。白板笔通常用于在白板上写字，需要具有可以被轻松擦掉的性能，所以生产者在它的墨水中添加了一种刻意降低附着力的物质——脱模剂。

当我们用白板笔在光滑的表面书写时，随着溶剂的挥发，脱模剂便会在有色的笔迹和书写表面之间起到隔离作用。因此，用水一冲，字迹或图案便会从表面脱落。由于墨水的密度低于水，于是整个图案就飘了上来，浮在了水面。

此外，白板笔的墨水中还含有成膜树脂，使墨水凝固后字迹表面形成一层黏膜，因此，图案遇水后也不会散开，可以完整地在水面漂浮。

冲浪板的隐形动力

引　入

在客厅实验室中我们知道了气球和橡皮筋都可以作为小车或小船前进的动力。这次有一只企鹅要来水中玩冲浪板，但是它的冲浪板可没有任何提供动力的道具，它要怎么做才能在水中冲浪呢？

不用担心，我们来给冲浪板加上隐形的动力，帮助小企鹅实现冲浪的梦想。你猜猜看，这个隐形动力会是什么呢？

· 材料预备 ·

泡沫板、白纸、画笔、剪刀、洗洁精、棉签、一盆水

【步骤】

① 在泡沫板上画出冲浪板，并剪下来。

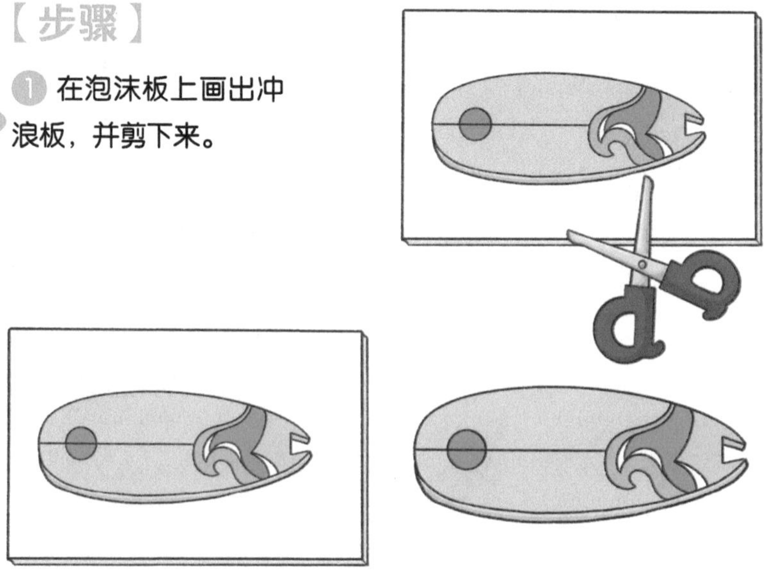

② 在白纸上画出一只企鹅，并剪下来。

③ 将企鹅粘贴固定在冲浪板上。

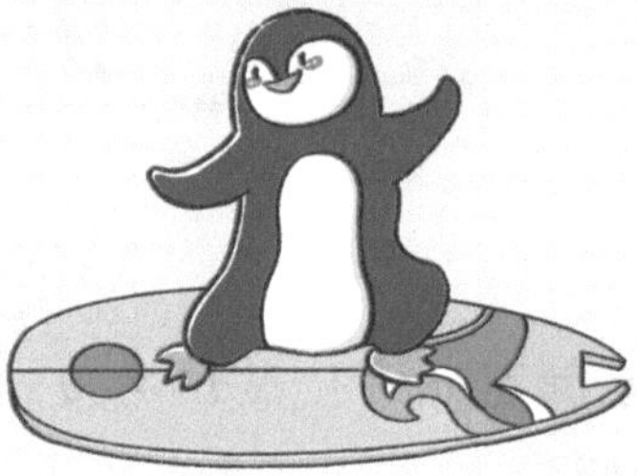

④ 将冲浪板放入水盆中，准备一小碟洗洁精，用棉签蘸取洗洁精后，涂抹在冲浪板后部的凹槽处。

⑤ 这时，你会发现冲浪板快速地向前冲。

延伸与拓展

知识点：水的表面张力

答案揭晓！我们的隐形动力就是洗洁精！洗洁精的加入立刻就让冲浪板运动起来，让平静的水面翻涌起来，这一切都与表面张力有关。表面张力是指水等液体具有的使表面尽可能缩小的力。清晨叶片上圆圆的露珠、挂在枝头悬而不落的水滴都是在表面张力的作用下形成的。

在没有加入洗洁精时，水的表面张力在整个水面上都是相同的，所以冲浪板只会静静地漂浮在水面上，不会运动。当我们在冲浪板的凹槽处加入洗洁精时，洗洁精中含有密度低于水的表面活性剂，会降低周围水的表面张力。此时由于冲浪板向前的表面张力大于向后的表面张力，所以我们的冲浪板就向前冲了。

水杯后的图案翻转过来啦

引 入

你照过哈哈镜吗？哈哈镜，顾名思义，它是一种照完能让人哈哈大笑的镜子。为什么呢？因为当我们照哈哈镜时，会产生非常好玩的变形效果，让我们看起来忽高忽矮、忽胖忽瘦，并且产生各种扭曲，镜子中的形象让人忍不住要大笑起来。

其实“哈哈镜”是由凸镜、凹镜等表面不平的曲面镜构成的，它引起光线的不规则反射和聚焦，使得所形成的影像扭曲、变形。

如果想试试这种好玩的效果，我们在家只需要一玻璃杯的水就可以了！试试透过玻璃杯的水来看看爸爸妈妈或其他物体吧，看看都有哪些好玩的变化呢？

材料预备

白纸、画笔、杯子、水

【步骤】

❶ 在白纸上下画出两个朝同一方向的图案。

② 将纸放置在杯子后方，纸与杯子的距离约为杯子的直径。

③ 将水缓缓倒入杯中，你会发现，纸上的图案被水没过的部分，左右翻转过来了，原来朝着同一个方向的两只海豚变成了面对面的朝向。

④ 在杯子中倒满水后，你会发现两只海豚都调转了朝向。

延伸与拓展

知识点：凸透镜

我们知道水和玻璃都会引起光线的折射，其实我们在玻璃杯中加入水后，就形成了一个凸透镜（中间厚、两边薄的透镜），因此会使物体产生放大、缩小等视觉效果。

当物体与水杯的距离在水杯的直径之内时，物体会产生放大的视觉效果。

当物体与水杯的距离约等于水杯的直径时，物体会产生方向翻转并放大的视觉效果。

当物体与水杯的距离大于水杯直径的 2 倍或以上时，物体会产生方向翻转并缩小的视觉效果。

调整纸片的位置，试试看都能观察到哪些不同的视觉效果吧！

反重力的水杯

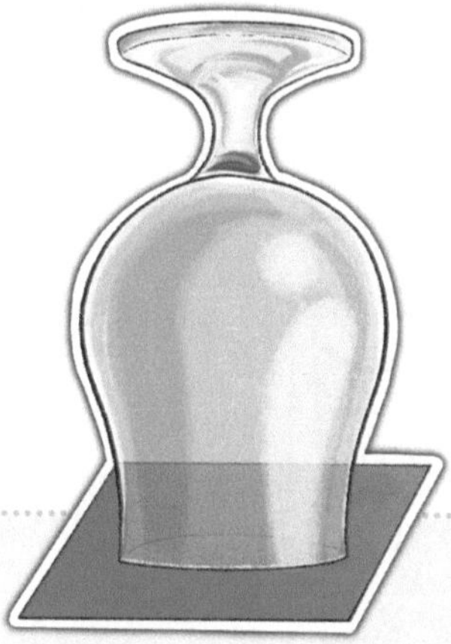

引　入

水是一种流动性非常强的液体，在重力的作用下会涌向低处。

每次倒水喝水的时候，端着满满一杯水的你是否都会小心翼翼的，生怕一个轻微的晃动就让水溢出来。

但是这次我们要做一个“反重力”的水杯，即使把杯子倒转过来，杯子里的水也不会流出去。要达到这样的效果，我们只需要一张薄薄的纸片，快来试试吧！

·材料预备·

杯子、水、纸片

【步骤】

❶ 在杯子里倒满水，一定要满到杯口。

2 在杯口盖上一张纸片。

3 按住杯口，快速将水杯翻转过来。

4 松开按着杯口的手，你会发现杯中的水并没有流出来。

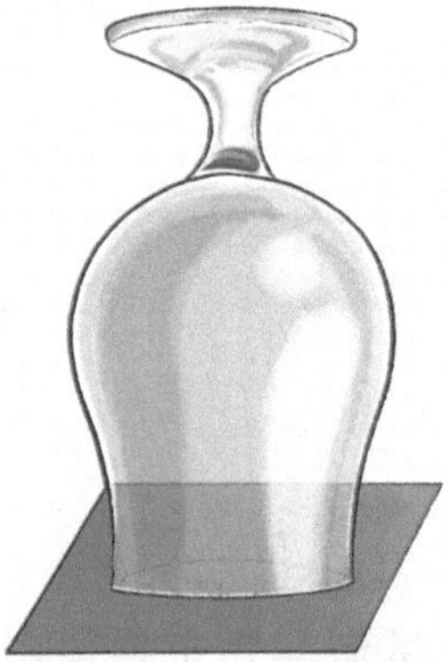

延伸与拓展

知识点：大气压力

当我们将倒满水的杯子用纸片盖住，倒转过来时，我们会发现，不仅水杯里的水没有流出来，而且纸片似乎被水杯吸住了，这是为什么呢？

我们知道，地球上的物体都会受到重力的影响，包围在我们四周的空气也同样会受重力的作用。空气向各个方向都会产生作用于物体的压力，这个压力被称为大气压力。我们身处空气之中，时刻感受大气压力而不易自知。

在这个实验中，杯子里倒满了水，盖上纸片后，杯子里面几乎没有空气，接近真空。当杯子倒立过来时，纸片受到了上下两个方向的压力，杯内因为几乎没有空气所以没有大气压力，只有水向下的重力，而纸片下方的大气压力是远远大于一杯水的重力的。所以纸片不仅不会掉下来，还会更加紧密地覆盖着杯口，自然水也不会流出来了。

戳不破的神奇水袋

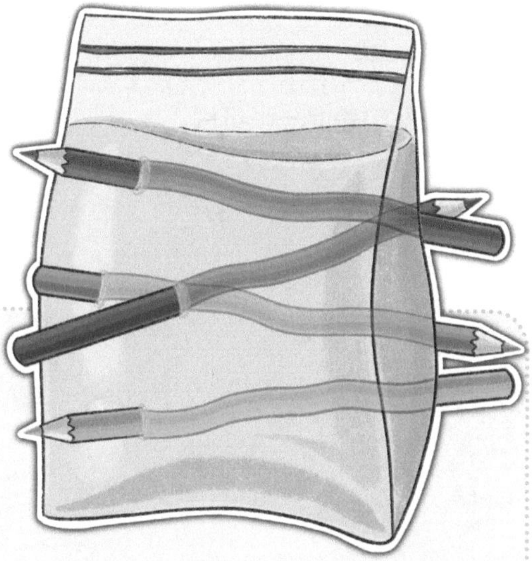

引 入

塑料袋是以塑料为主要原料制成的袋子，常被用来装各种物品，也可以用来装水。这次，我们就来做一个与塑料袋有关的实验吧！

想象一下，如果你用几支削尖的铅笔去戳一个装满水的塑料袋，会发生什么情况呢？一起来试试看吧！

· 材料预备 ·

保鲜袋、水、铅笔

【步骤】

1 在保鲜密封袋中装满水。

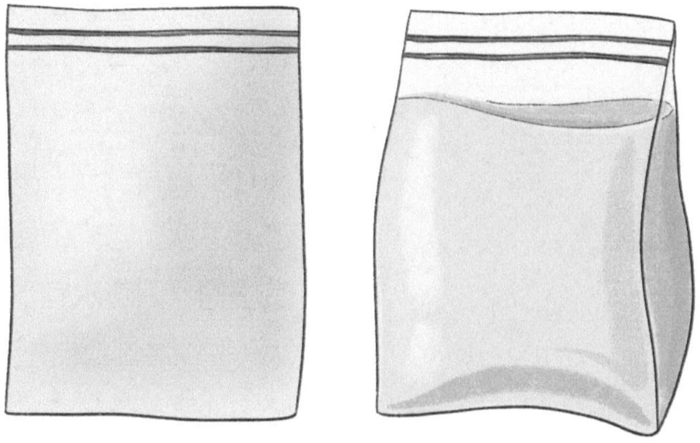

② 用削尖的铅笔快速穿过水袋。

③ 试着再快速多穿过几支铅笔，你会发现水袋并不会漏水。

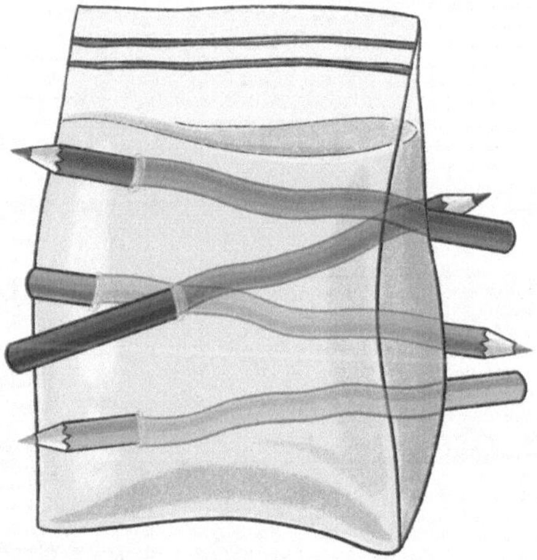

延伸与拓展

知识点：塑料袋的特性

水袋之所以被戳穿也不会漏水是因为塑料袋的独特材质。我们日常生活中常用的保鲜膜、保鲜袋、塑料袋等都是以聚乙烯为主要原料制成的。聚乙烯是一种高分子聚合物，由灵活的分子链组成，有很好的弹性和伸缩性，所以当尖锐的笔尖穿过塑料袋的瞬间，破口处的塑料会迅速收缩回弹，包裹住铅笔，让塑料袋不留空隙，仍然保持密封，因此水就不会流出来了。

纸巾上的“美丽彩虹”

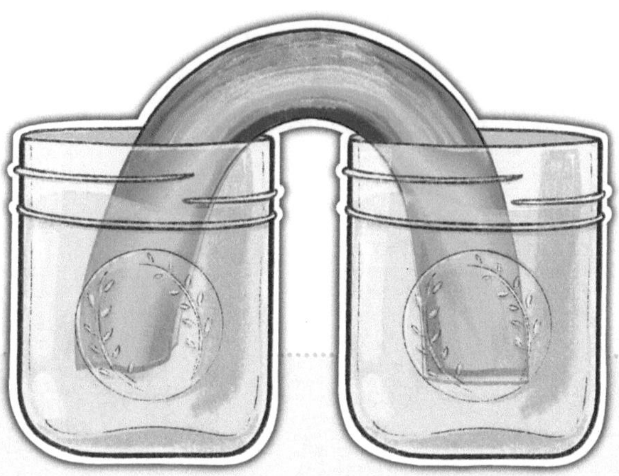

引 入

在日常生活中，我们会接触到各种各样不同的纸：写字画画用的白纸、洗手间用的卷纸、厨房用的加厚厨房纸、包装用的牛皮纸等等。

对于不同用途的纸，它们的特性也是不同的：用来擦拭水渍的纸就会有特别好的吸水性；而用来做包装用的牛皮纸就会有一定的防水性。

这次，我们拿出平时常用的纸巾，看看它的吸水能力如何。

· 材料预备 ·

纸巾、画笔、两个杯子

【步骤】

1 将一张纸巾折成长条状。

2 在纸巾两头用水彩笔画出一小段彩虹的颜色，从上至下分别是红、橙、黄、绿、青、蓝、紫。

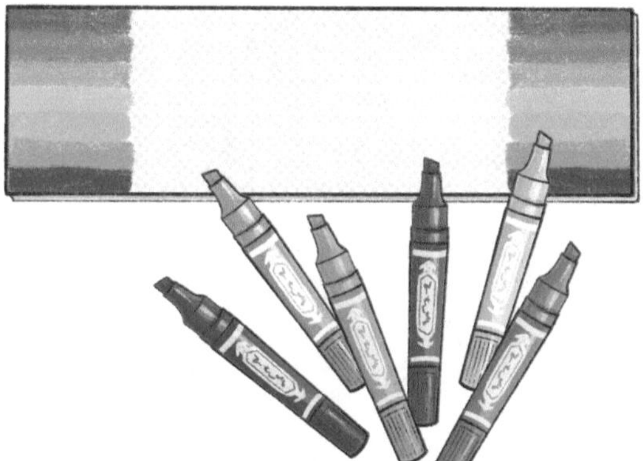

③ 准备两个盛水的水杯，将纸巾的两端分别插入两个水杯中。

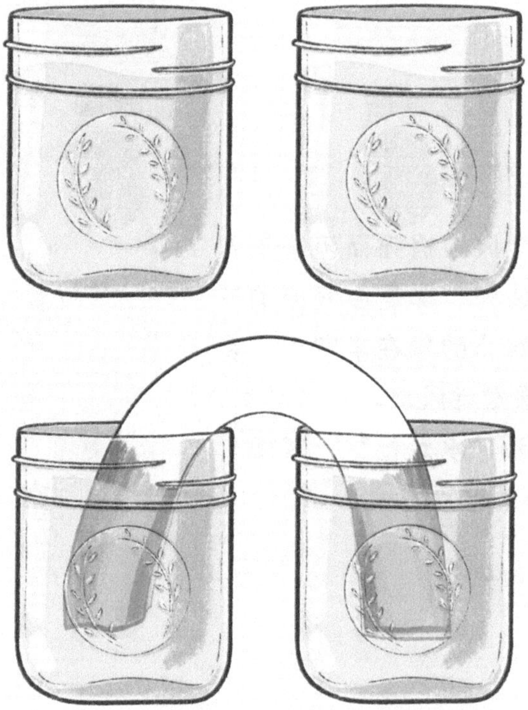

④ 我们会看到色彩会沿着纸巾两端慢慢往中间爬，直到两边的颜色重合，形成一道彩虹桥。

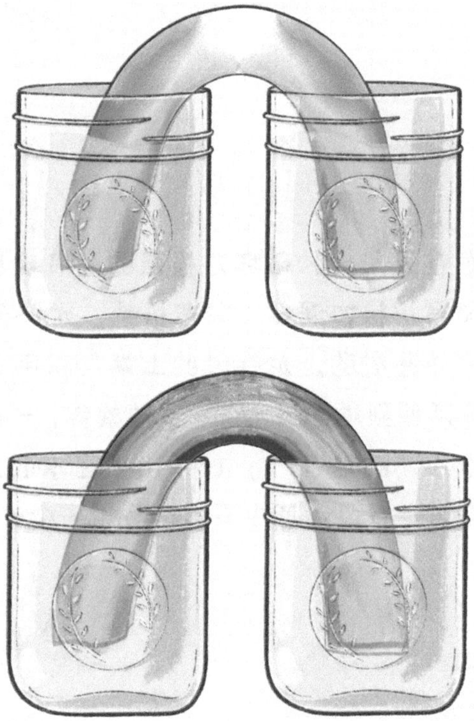

延伸与拓展

知识点：毛细现象

纸巾主要是由植物纤维素构成的。纤维素的分子具有很好的亲水性，使得纸巾容易吸水。同时，由于纸巾的内部有很多细小的孔，在毛细现象的作用下，纸巾将水快速吸了上来。毛细现象是指液体在细管状物体内侧，由于内聚力与附着力的差异，从而能克服地心引力沿物体内部上升的现象。纸巾中有许多细小的孔道，起到了毛细管的作用。所以，色彩能沿着纸巾往上走。

水瓶中的龙卷风

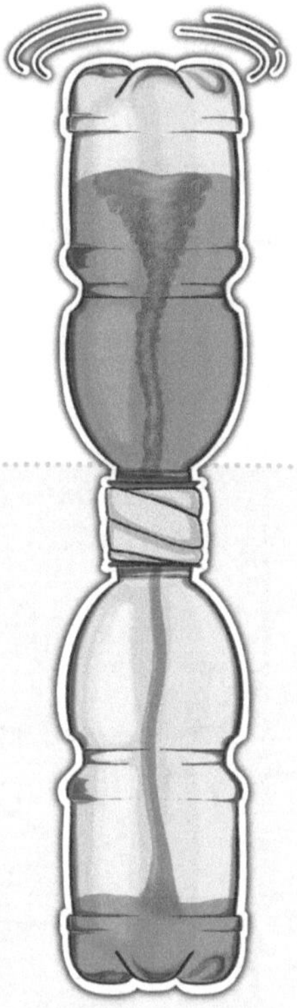

引 入

龙卷风是一种破坏力极强的天气现象，它是一个风力极强而范围不太大的漩涡，状如漏斗，风速极快。龙卷风的形成和消失，都是由气流的不稳定运动造成的。龙卷风的上端与积雨云相接，下端有的悬在半空中，有的直接延伸到地面或水面，一边旋转，一边移动。如果龙卷风出现在陆地上，便被称为“陆龙卷”；如果出现在水面上，则被称为“水龙卷”。下面我们就模仿龙卷风的形成原理，自制一个装在瓶子里的龙卷风吧！

·材料预备·

塑料瓶、色素、胶带、剪刀、水

【步骤】

① 准备两个空塑料瓶。

② 在两个瓶子的瓶盖中心处开出洞口。

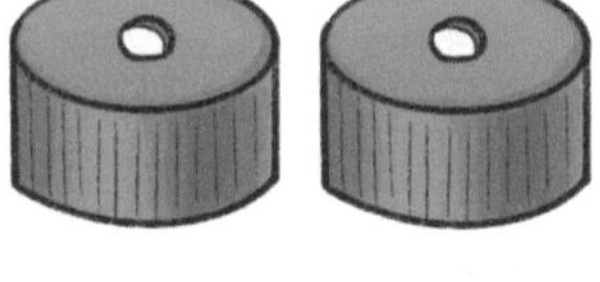

③ 在其中一个瓶子中倒满水，并滴入几滴色素调色。

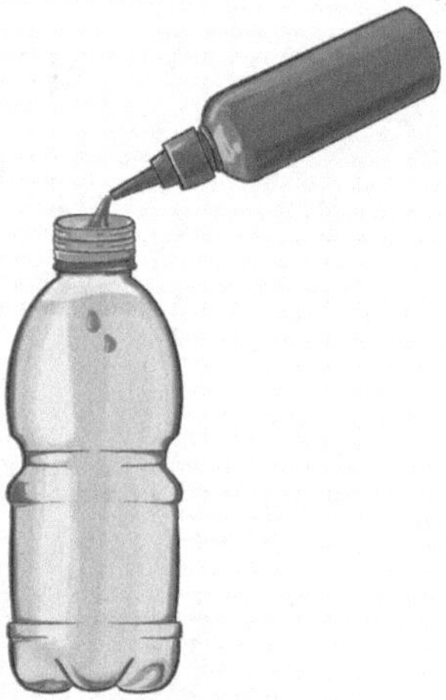

④ 盖上瓶盖，将另一个空瓶倒放在瓶口，并用胶带固定。

⑤ 手握两瓶之间，将有水的瓶子倒置，并旋转上方瓶子。这时，上方瓶子中的水便出现奇特的水龙卷现象啦！

延伸与拓展

知识点：离心力

在这个实验中，当我们转动上方的瓶子时，瓶子中正在往下流的水也跟着转动了起来，周围的水因受到离心力（一种虚拟的力，使旋转着的物体远离旋转中心的力）的作用，都有离开中心，向外面挤的趋势，所以，周边的水面会高于中心，就形成了一道像水龙卷一样的旋涡。

独一无二的扎染纹样

引 入

在生活中，白色的衣物或袜子比其他颜色的衣物更容易显旧，因为白色很容易被其他衣物染色，并且时间久了就容易泛黄。

这次我们可以找出废旧的白色衣物来做一番大改造。我们将用扎染的手法，来染出独一无二的纹样，让它重获光彩！

扎染是中国民间传统而独特的手工染色工艺，已有两千多年的历史。扎染工艺有扎结和染色两步，它通过对布进行扎、缝、缚、夹等多种组合形式进行处理后染色，然后把扎结的线拆除，将织物展开再漂洗晾干就完成了。扎染完成后，纹样独一无二，充满了偶然性，这也正是扎染工艺独特的魅力所在。

·材料预备·

白色T恤(或其他衣物)、橡皮筋、衣物染色剂

【步骤】

1 取一件废旧白T恤或白袜子。

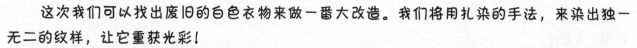

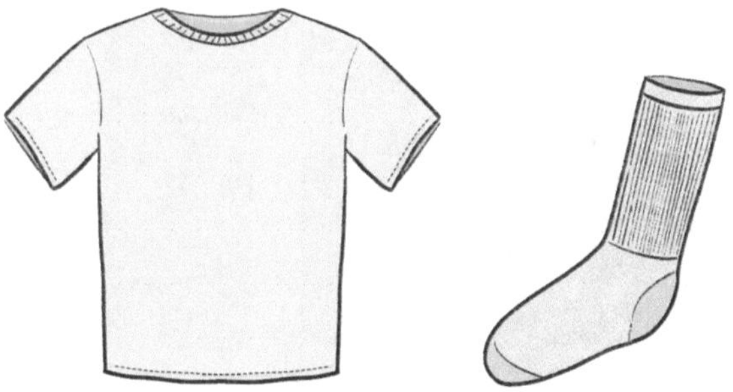

② 拎起T恤中间，绕一个方向转圈，将它卷成一个圆盘状。

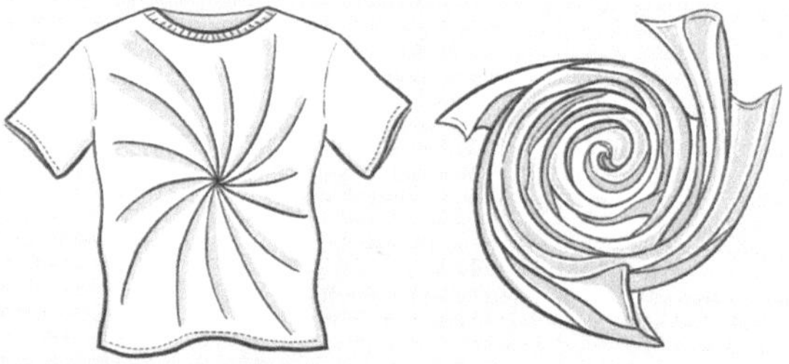

③ 用橡皮筋或棉线扎紧T恤。

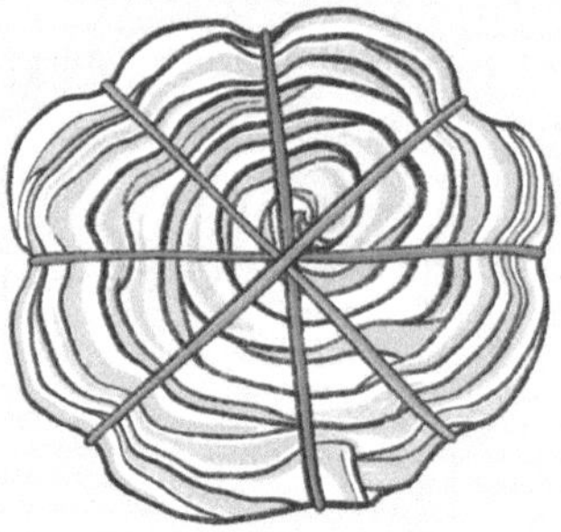

④ 在不同区域滴上不同颜色的衣物染色剂。

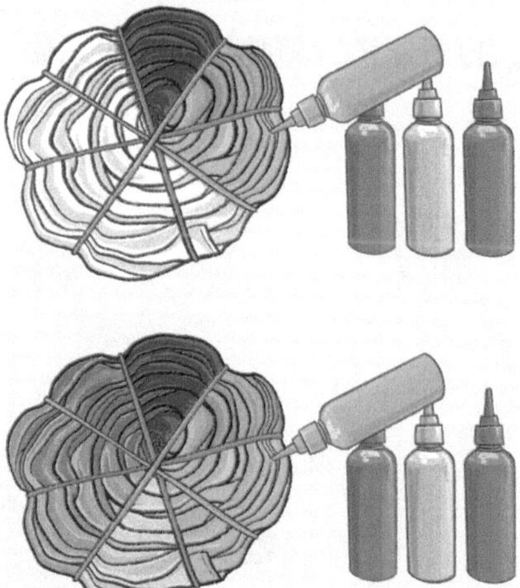

⑤ 静置晾干后，取掉橡皮筋，铺平衣服看看吧！

延伸与拓展

知识点：扎染工艺

扎染其实是一种简单的手工印染技艺，其染色原理是通过绳、线等对织物采用紧固的扎结、系捆、缝缀等手法，使织物在染色时扎结起来的部分不能着色的一种染色手法。扎染能使织物产生奇异的染色纹路。

与扎染相仿，通过局部防染来给织物染出花纹的手法还有：

夹缬（xié），用有纹饰的木板夹住织物浸染；

蜡染，用蜡在织物上画出图案，染后煮沸去蜡。

简易的污水净化装置

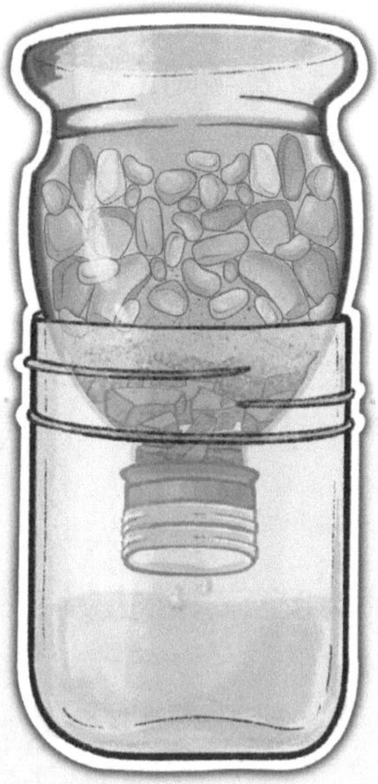

引　入

水是生命之源，人体中水的含量达到70%以上。你有没有每天多喝水的习惯呢？水不仅是构成生命所需的重要成分，也是现代生活，工业生产中必不可少的重要元素。

但在世界上很多地方还有很多人喝不上干净的饮用水，他们需要从河流、湖泊或池塘中取水喝，这样的水不能直接饮用，需要经过净化处理才行。这次我们就来尝试做一个简易的污水过滤净化装置。

· 材料预备 ·

塑料瓶、杯子、剪刀、棉片、活性炭、沙、石砾

【步骤】

1 将饮料瓶底部剪开，打开瓶盖，将棉片折叠成小块，沾湿后置于饮料瓶瓶口。

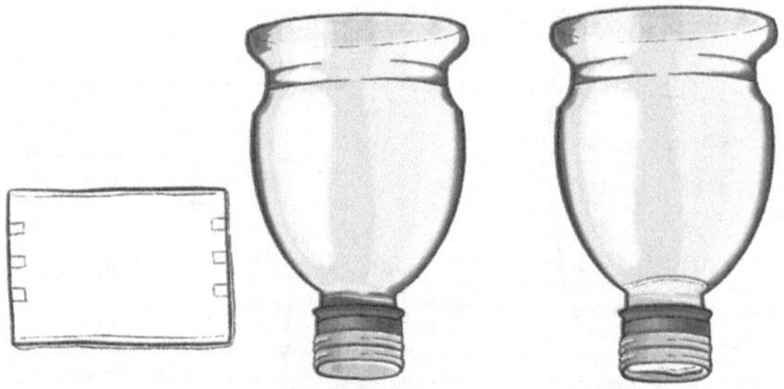

2 在饮料瓶中依次加入活性炭、沙、石砾。

3 将饮料瓶倒置于杯中，倒入污水，可以看到干净的水会慢慢被过滤出来。

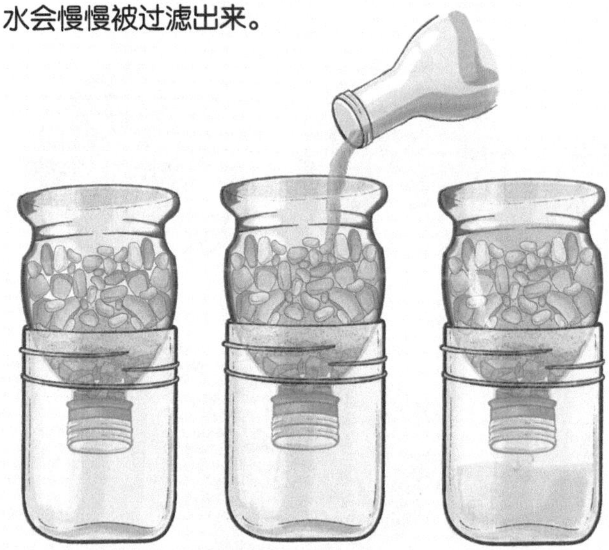

延伸与拓展

知识点：水的过滤

过滤是指把含有固体颗粒的悬浮液中的液体透过介质，固体颗粒及其他物质被过滤介质截留，从而使固体及其他物质与液体分离的操作。

在我们的滤水装置中有活性炭、砂、石砾、棉片等材料，它们各自都有不同的分工。当泥水倒入过滤器时，水中的颗粒会沉积在砂石的间隙中，但水可以穿过间隙，所以细小的砂石可以过滤掉一部分较大的颗粒。活性炭是完全燃烧后的木头，是一种多孔的结构，可以用来吸附水中的砂石未能截留住的小颗粒，还能祛除异味，是一种很好的过滤材料。最后，棉片可以对水进一步过滤，除去水中悬浮物，提高过滤效果。

会变色的紫甘蓝水

引 入

你有没有喝过柠檬汁和苏打水呢？这两种饮品的口感相差甚远，柠檬汁是酸性的，口感很酸；苏打水是碱性的，口感略微苦涩。

液体的酸碱性是由液体中氢离子的浓度决定的。我们通常用PH值来表示液体的酸碱程度。PH值小于7的溶液为酸性，大于7的为碱性，等于7的是中性。

通常我们用PH试纸来测试液体的PH值，不同酸碱度的液体在试纸上会呈现不同的颜色。

这次，我们尝试用身边的食材——紫甘蓝来测试不同液体的酸碱度，看看不同酸碱度的液体会让紫甘蓝水如何变色吧！

·材料预备·

紫甘蓝、杯子、锅、水、醋、苏打水（或肥皂水）、便利贴

【步骤】

1 切适量紫甘蓝放入锅中加水煮出紫色汤汁。

② 分别在 3 个杯子中倒入紫色的紫甘蓝水。

③ 在 3 个杯子中分别倒入水、醋、苏打水，并在杯子上做好标注。

④ 我们会发现加入水的紫甘蓝水没有变色，加入醋的紫甘蓝水变成了红色，加入苏打水的紫甘蓝水变成了蓝色。

延伸与拓展

知识点：酸碱性

紫甘蓝水中含花青素，遇酸会变红，遇碱会变蓝，所以很适合用来测试液体的酸碱度。

在实验中我们会看到，在紫甘蓝水中加入醋，紫甘蓝水会变成红色，这说明醋是酸性的；而在其中加入苏打水，则紫甘蓝水会变成蓝色，这说明苏打水是碱性的；当我们加入水时，紫甘蓝水不会变色，这说明水是中性的。

除此之外，我们可以再试着加入各种不同的液体，如浴室中的沐浴露、洗发水、洗面奶等，观察它们在紫甘蓝水中的颜色变化，从而判断出它的酸碱性。

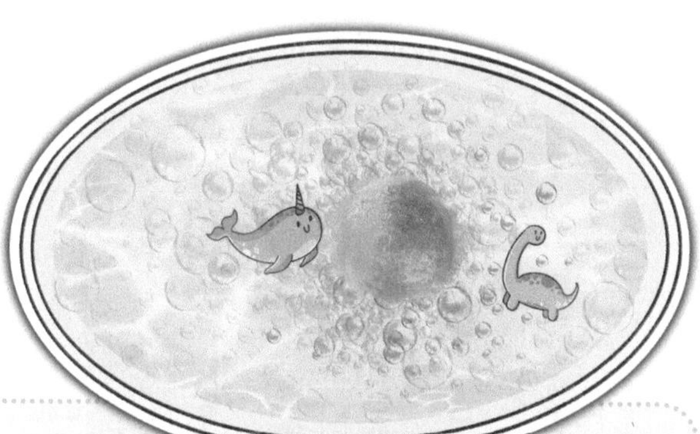

好玩又好用的泡泡彩蛋浴球

引入

你喜欢在浴缸泡澡吗？泡热水澡可以促进血液循环，让我们身心放松。泡澡时在水中扔入一颗会释放出无数泡泡的彩蛋浴球，可以让我们在泡泡中边玩边泡澡，给沐浴时光带来更多欢乐！

这次，我们就来亲手做一个内含玩具的泡泡彩蛋浴球吧，看看洗澡时会泡出哪个小玩具呢？

材料预备

200 克小苏打、100 克柠檬酸、100 克玉米淀粉、10 毫升橄榄油、精油（选用）、色素（选用）、浴盐（选用）、小玩具、模具

【步骤】

① 将小苏打、柠檬酸、玉米淀粉、橄榄油倒入碗中，搅拌均匀。

② 滴入色素调成喜欢的颜色。

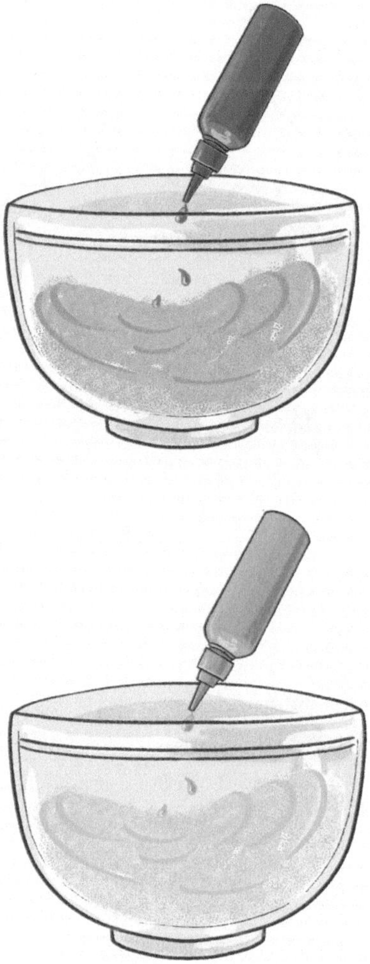

③ 将不同颜色的混合物分层放入模具中，在中间放入玩具，覆盖住玩具后，将混合物完全压实。

④ 待自然风干后，将浴球从模具中取出。

⑤ 放好泡澡水后，将浴球扔入泡澡水中，会发现不断有彩色泡泡冒出，慢慢地，小玩具也会浮现出来。

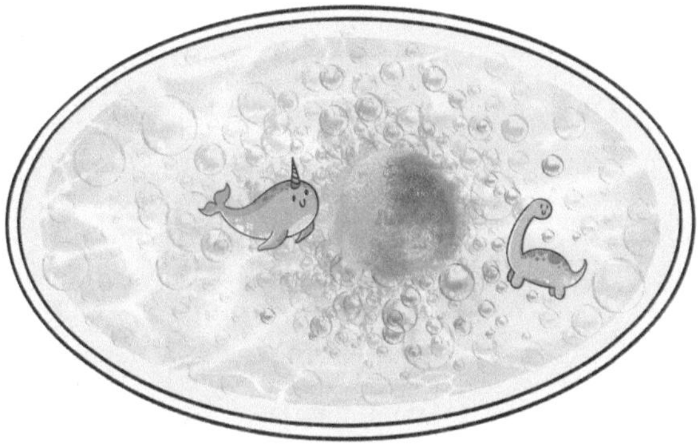

延伸与拓展

知识点：酸碱中和

制作浴球的主要原料小苏打（碳酸氢钠）是一种白色粉末状晶体，在热水中会逐渐分解成碳酸钠、二氧化碳气体和水，溶于水时呈碱性，有去污的作用。因此我们会看见泡泡浴球在落入水中后，会不断有气泡从浴球中冒出。因为具有分解后会产生气体这个特性，小苏打也常被用于食品中作为膨松剂。

制作浴球的另一原料柠檬酸也是一种白色粉末状晶体，遇水会溶解，是一种天然防腐剂，也是一种对环境无害的清洁剂。柠檬酸是一种酸性物质，在制作浴球时加入柠檬酸可以中和一部分小苏打的碱性，降低浴球的 pH 值，使泡澡水更加温和。

LAITIAO
ZHANBA

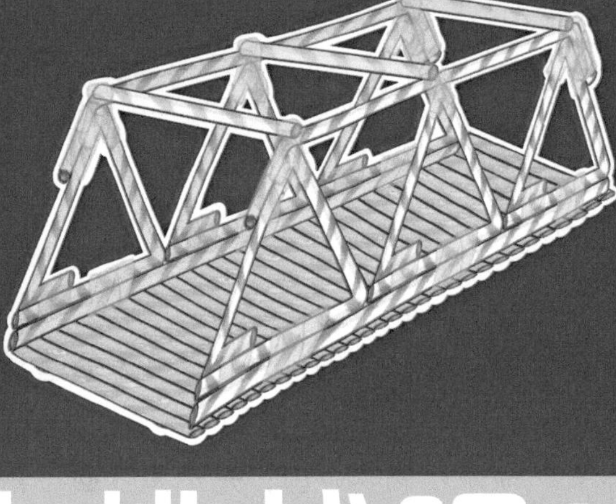

来挑战吧！

来挑战吧！

客厅

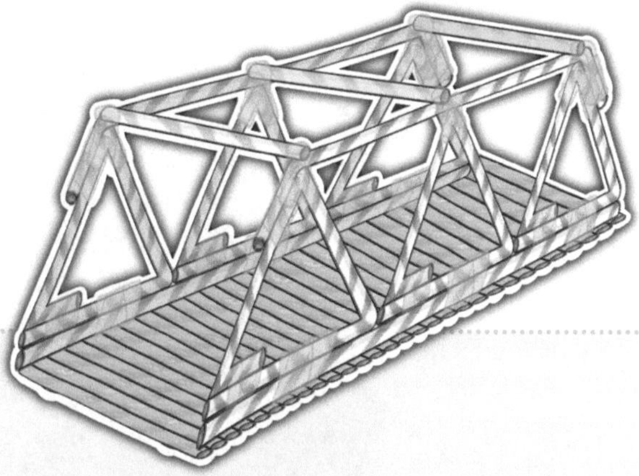

小小工程师来搭桥

引　入

在日常生活中，你一定见过很多不同造型的桥吧！想一想，哪些桥是让你觉得印象特别深刻的呢？

在我们地域辽阔的中国，无论是江南小镇历史悠久的石拱桥，还是现代化大都市中气势恢宏的跨海大桥，都让我们流连赞叹。

我们可以按照桥的形式和结构对其进行分类，常见的桥梁类型有：

· 以横向的主梁作为承重构件的梁桥；

· 以平面或立体的三角形单元为承重结构的桁（héng）架桥；

· 通过索塔悬挂，并以锚固于两岸的缆索作为上部结构主要承重构件的悬索桥；

· 将主梁用许多拉索直接拉在桥塔上，由承压的塔、受拉的索和承弯的梁组合起来的斜拉桥。

这次我们就尝试用吸管和胶带来搭出一座牢固的桁架桥吧！

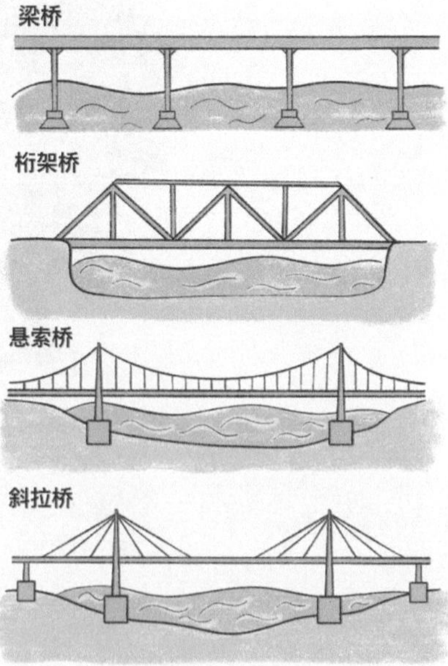

· 材料预备 ·

吸管、剪刀、胶带或万能胶

【步骤】

❶ 将吸管剪成均匀的小段，并排排列，用胶带或万能胶固定，形成桥面。

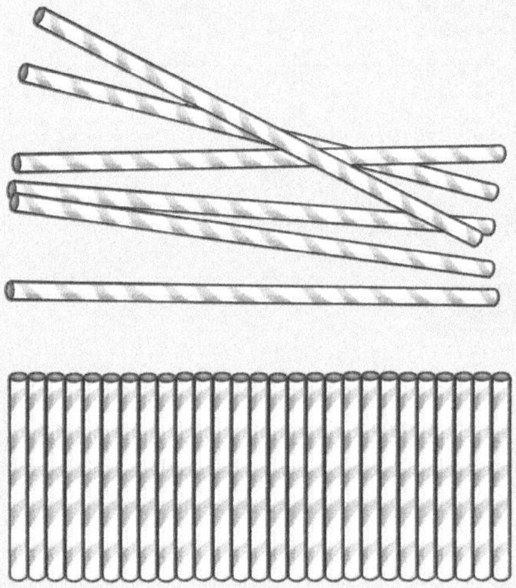

❷ 在桥面背面纵向贴两根长吸管，以加固桥面。

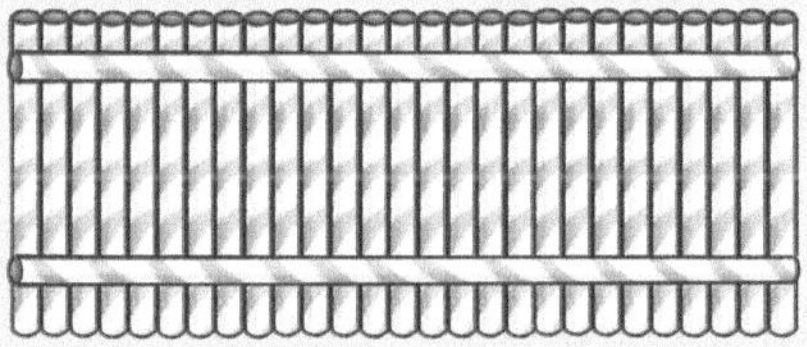

❸ 将吸管折成如图所标三角形，并用胶带固定。

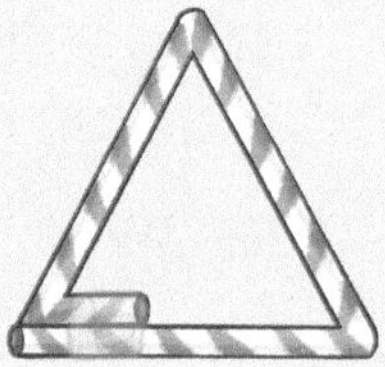

❹ 折出 3 个三角形后，并排放置，在三角形的上下方各加上一根长吸管，并用胶带固定，作为上下两侧的桁架。

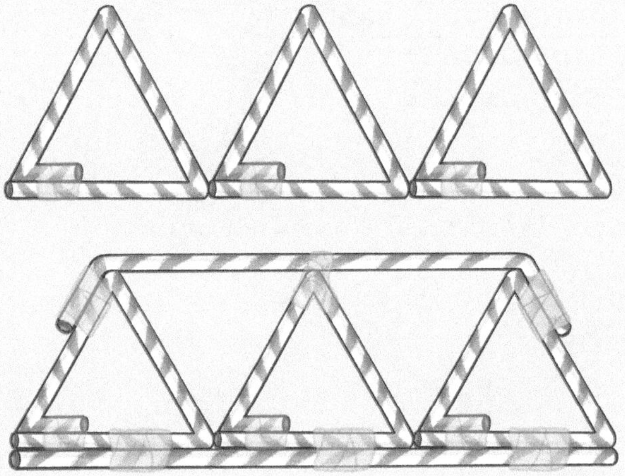

❺ 用同样的方法做出桥的另一侧桁架。

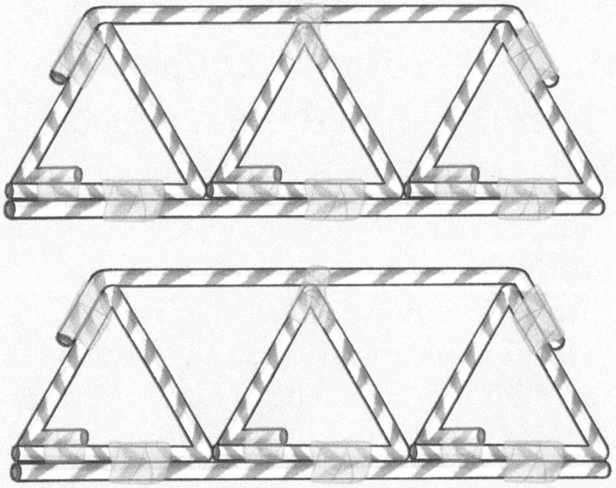

⑥ 将桁架用胶带或万能胶固定在桥面两侧，并在桁架顶部固定 3 根横向吸管，如图所标。现在，你可以在桥上加上重物，试试你的桥有多牢固吧！

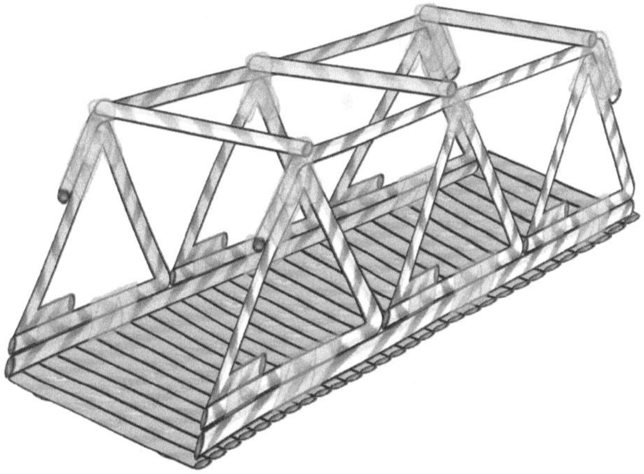

观察一下我们的小桥，当我们不断在桥面上增加重物时，桥梁的结构有没有发生变化？如果发生了，是怎样的变化呢？看看桥的哪个部分受到的是压力，哪个部分受到的又是拉力呢？

延伸与拓展

桥梁是一种复杂的受力结构，它的内部承受着很大的压力与拉力。 我们可以用有弹性的海绵来示范，认识一下压力和拉力。压力是指在弹性限度内，使物体产生挤压形变的力；拉力是指在弹性限度内，使物体产生拉伸形变的力。

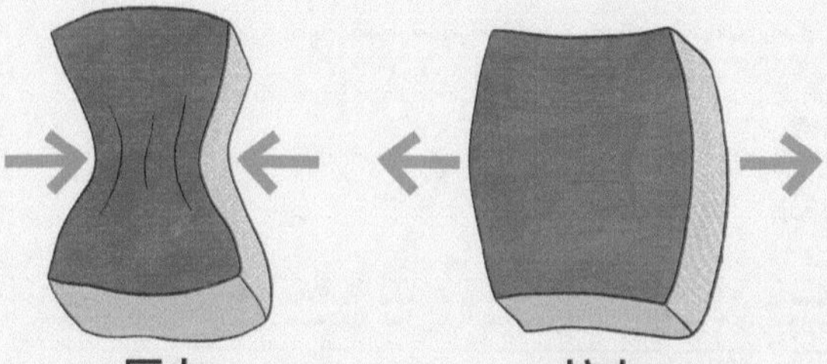

· 小挑战 ·

尝试用条状的意大利面和胶带来搭出一座跨度不小于 20 厘米，至少可承受一瓶矿泉水重量的小桥。

· 小贴士 ·

三角形是最稳定的结构，并且可以分散重量。因此在设计桥时，可以尽量采用三角形结构作为桥的支撑结构。

搭建一座桥的步骤（也适用于其他项目）

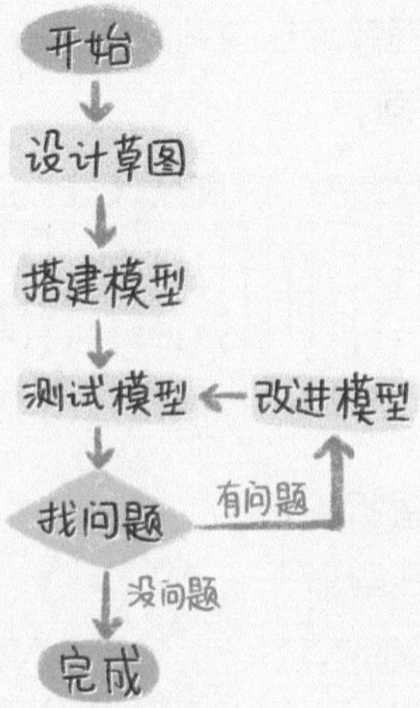

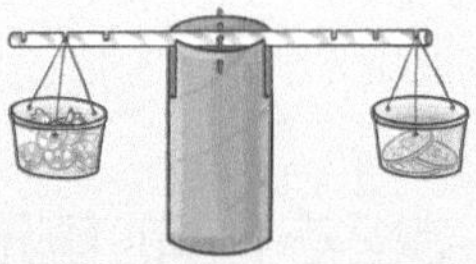

给小猪搭个牢固的房子

引 入

你听过《三只小猪》的故事吗？有三只小猪是兄弟，他们下山各自建造自己的房子。三只小猪分别用稻草、木板和砖块盖了房子，当大灰狼来的时候，猪大哥的稻草房子和猪二哥的木板房子很快就被大灰狼吹倒了，但猪小弟的砖房却非常牢固、安全。这次我们也来试试看，尝试用不同的材料、不同的结构，给小猪们盖几座小房子，再用吹风机来当“大灰狼”，看看哪座房子最牢固。

· 材料预备 ·

吸管、木棒、积木、橡皮泥、胶带、卡纸、画笔、剪刀、吹风机

【步骤】

❶ 根据自己的想法，选择合适的材料，来给小猪搭建 3 座小房子吧！可用吸管、木棒和积木分别模拟稻草、木板和砖块。

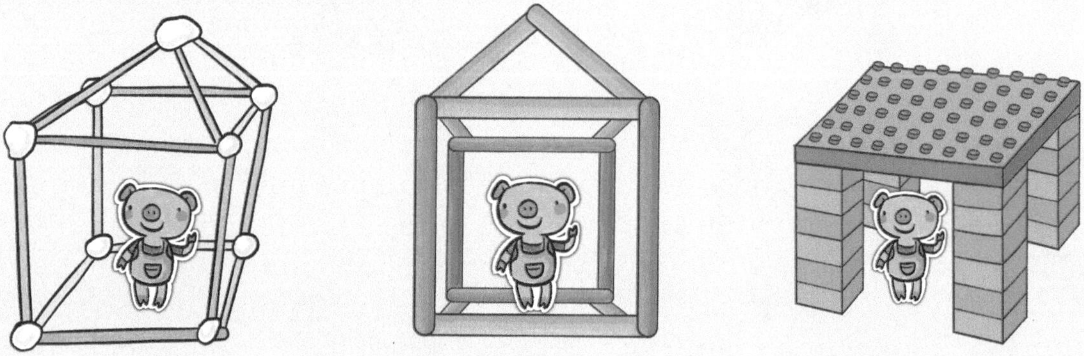

❷ 在卡纸上画出大灰狼的耳朵和眼睛，并剪下来贴在吹风机上，作为大灰狼。

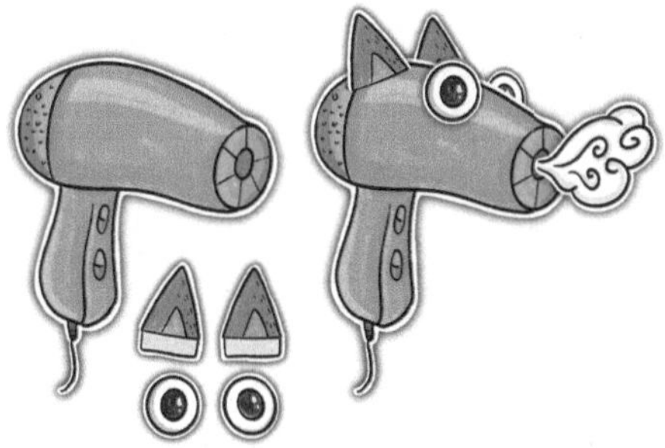

❸ 用“大灰狼”使劲吹搭好的房子，看看你搭的房子是不是足够牢固呢？

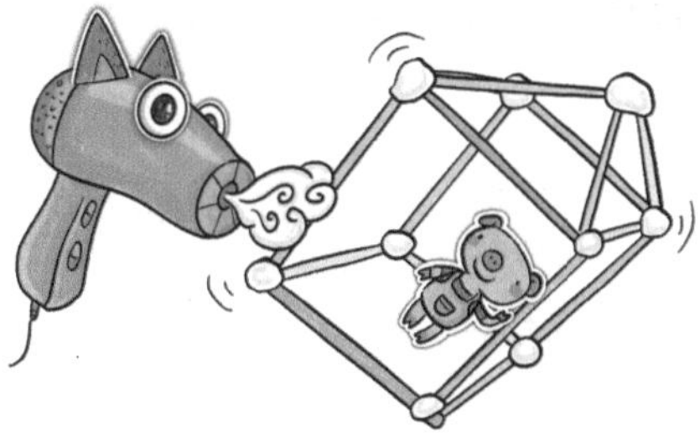

延伸与拓展

实验中我们发现，在房子结构差不多的情况下，不同材料搭建的房子牢固程度也是不同的，重量越重、与地面接触面积越大的房子越为稳固。那么，房子的牢固程度除了与材料有关之外，还与哪些因素有关呢？

没错，房子的结构也会很大程度影响房子的牢固程度。

观察一下，在日常生活中，你周围的房子都是怎样的结构呢？除了最常见的方方正正的房子外，你还见过哪些好玩的、与众不同的房屋结构呢？

· 小挑战 ·

1. 尝试用同一种材料，搭出不同结构的房子，看看什么样的房子结构更牢固？

2. 尝试改良一个一吹就倒的房子，看看能不能结合不同的材料，或进行结构上的加固，让它变成一座牢固的房子。

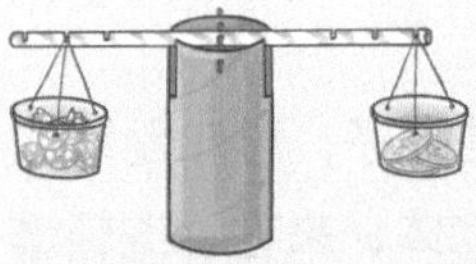

利用杠杆原理自制一杆秤

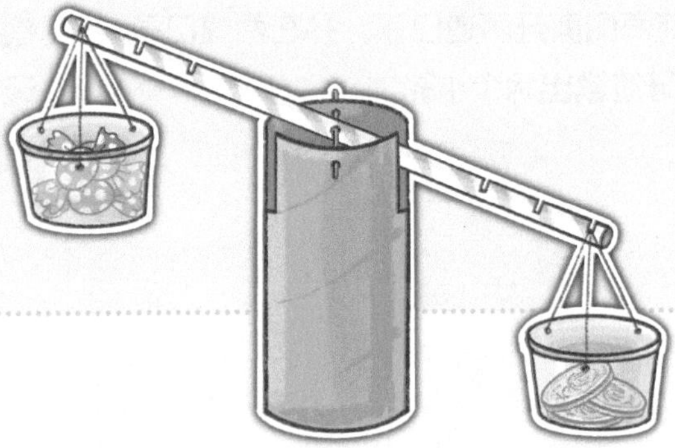

引 入

你玩过公园里的跷跷板吗？跷跷板是儿童游乐场里的经典设施，两个小伙伴分别坐在中心固定的长板子的两端，轮流以脚蹬地使自己这端上升，另一端下降，就这样两人轮流起起伏伏。

那你知道跷跷板的原理是什么吗？观察一下跷跷板的外形像什么东西呢？

其实跷跷板利用的是杠杆原理，与天平的原理是一样的。这次我们就来了解一下什么是杠杆原理，杠杆有哪几种分类，以及杠杆在日常生活中的应用吧！

现在我们就来利用杠杆原理，做出一杆可以称重的秤吧！

·材料预备·

卷筒、牙签、吸管、一次性水杯、棉线、画笔

【步骤】

❶ 将卷筒涂上喜欢的颜色，或画上喜欢的图案。

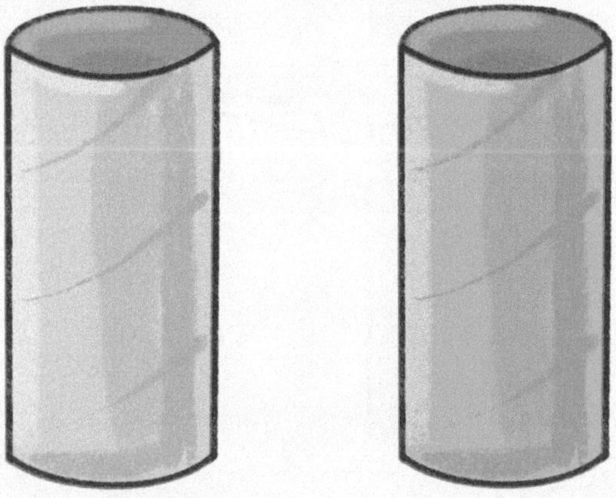

❷ 在卷筒两侧剪开两道口子，并在两道口子的中心用牙签戳出两个小孔。

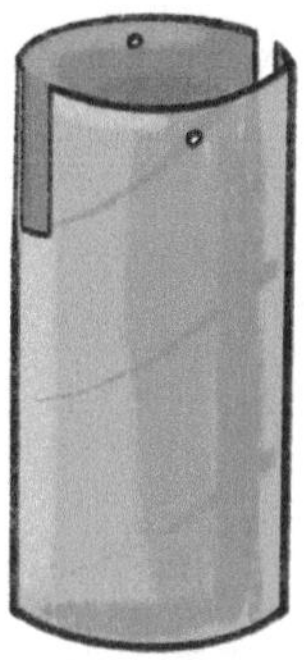

❸ 在吸管中间开一个孔，用牙签穿过卷筒和吸管上的孔，使吸管中心固定，两侧可上下摆动，形成杠杆。

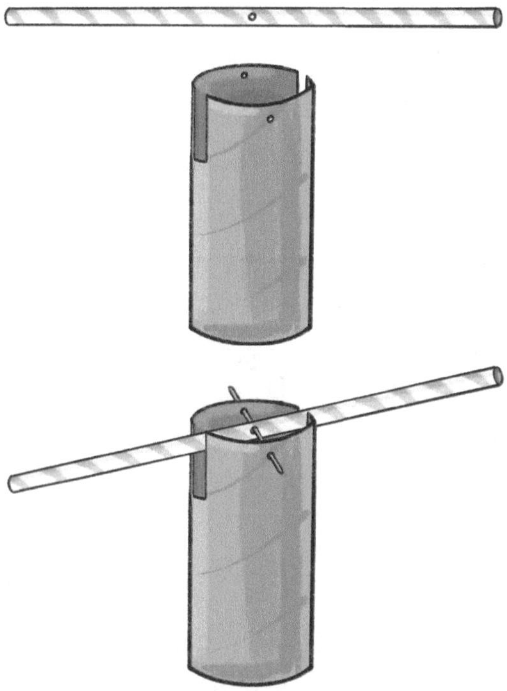

❹ 在吸管两端各粘上一个一次性杯子，形成简易的天平，在两个杯子中放上不同的物体，来看看谁轻谁重吧！

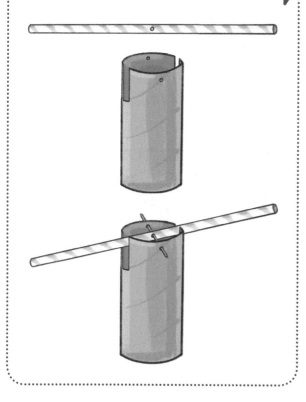

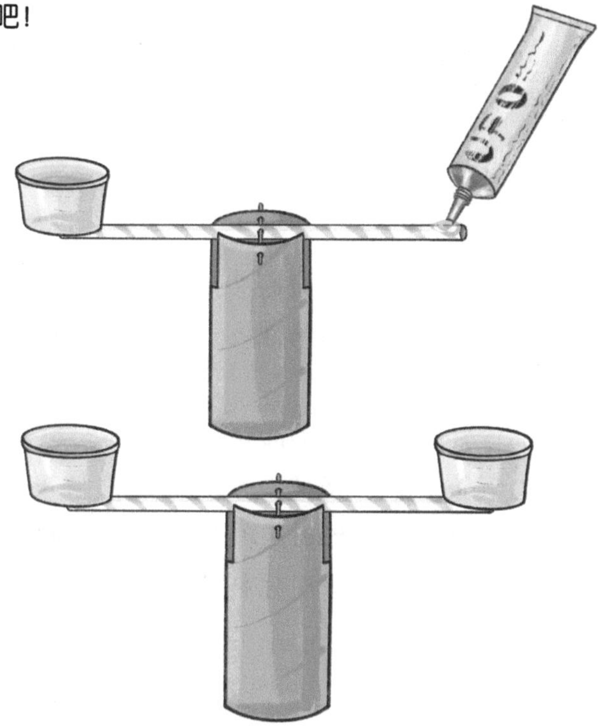

延伸与拓展

杠杆是一种日常生活中非常常用的简单机械，我们将一根在力的作用下，能够绕固定点转动的硬棒称为杠杆。

要认识杠杆，就需要先来认识一下杠杆原理中的 3 个“小伙伴”，“小黄”叫支点，它是负责支撑杠杆产生作用的固定不动点；“小红”是动力点，是杠杆上施力的作用点；还有“小蓝”是阻力点，是让杠杆抗拒转动的阻力作用点。从动力点到支点的距离叫作动力臂，从阻力点到支点的距离叫作阻力臂。在日常生活中，我们运用杠杆来做事，可以轻松又省力，省时有效率。

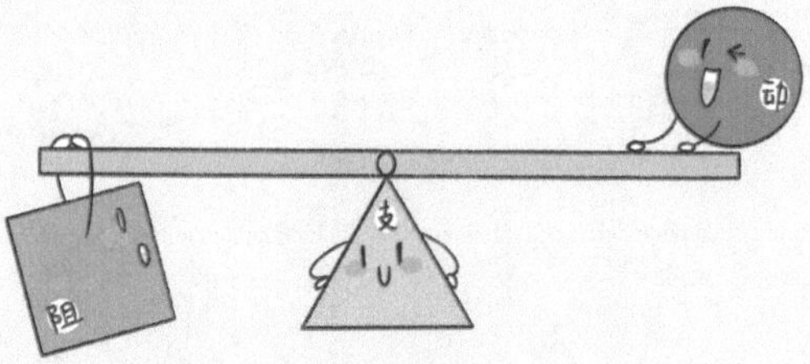

杠杆小伙伴有以下 3 种不同的组合队形。

第一类杠杆：等臂杠杆

这种杠杆的支点在中间，动力点和阻力点在两边，动力臂等于阻力臂。天平就属于这一类杠杆。

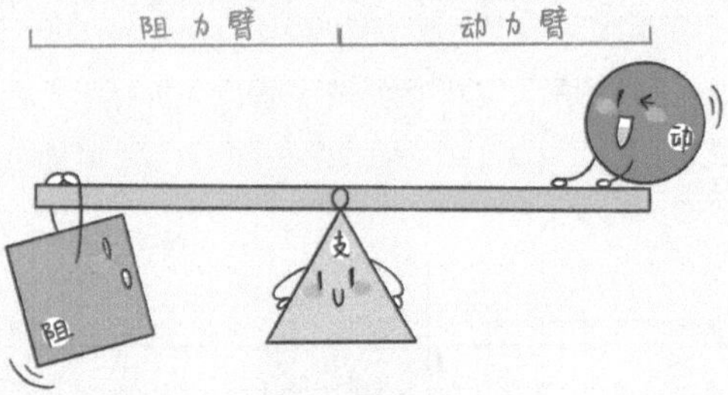

第二类杠杆：省力杠杆

这种杠杆的动力臂大于阻力臂。利用这种杠杆，我们可以轻松地抬起重东西。开瓶器就属于这一类杠杆。

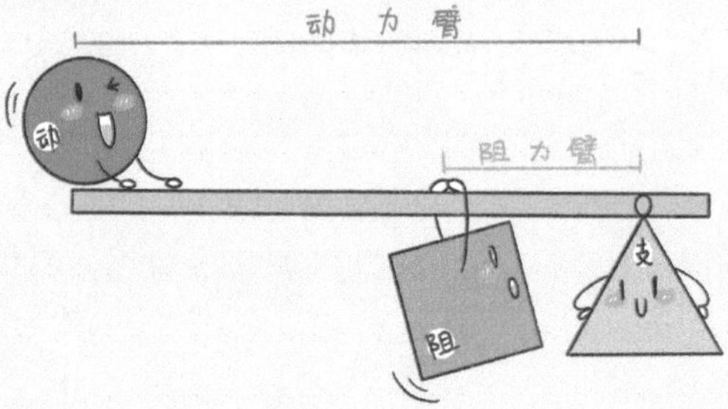

第三类杠杆：费力杠杆

这种杠杆的动力臂小于阻力臂。利用这种杠杆工作，我们虽然费力但却能节省动力点的移动距离。筷子就属于这一类杠杆。

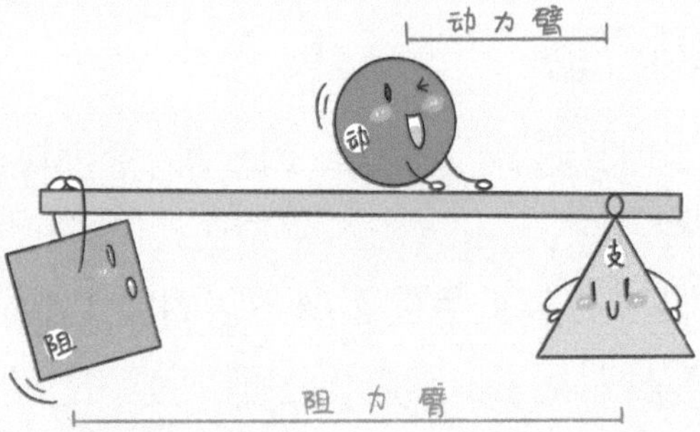

总结起来就是：

动力臂越长越省力，阻力臂越长越费力；

省力杠杆费距离，费力杠杆省距离；

等臂杠杆既不省力也不费力，它可以用来称量。

·小贴士·

在家里的厨房、书房、阳台上找一找，看看都有哪些不同类型的剪刀呢？

如果你要剪纸，用哪把好呢？答案是用刀刃长的文具剪刀！一刀下去就能剪开很多，很快就剪完啦！

再换花剪试试，它的刀刃这么短，剪纸很慢，但它也有很厉害的功能，因为它的动力臂很长，属于省力杠杆，所以它可以轻松剪断硬树枝。

想一想生活中还有什么东西用了杠杆原理呢？回头来看看游乐场里的翘翘板，找一找跷跷板上的三个杠杆小伙伴都在哪里呢？跷跷板属于哪一类杠杆呢？

·小挑战·

阿基米德发现了杠杆原理，该原理也被称为“杠杆平衡条件”，即“杠杆平衡时，作用在杠杆上的两个力离支点的距离与它们的大小成反比。”也就是说，若想让杠杆达到平衡，那么动力臂长度是阻力臂长度的几倍，动力大小就是阻力大小的几分之一。接下来，让我们改造一下刚才做的天平，验证一下这个原理吧！

❶ 在吸管两端等距离地剪出几道小口，将一次性杯子穿上棉线，挂在吸管两侧。

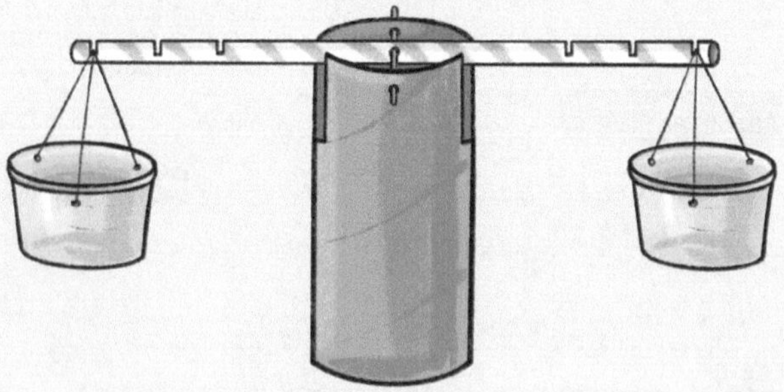

❷ 在两侧杯子里分别放上 3 颗糖果和 3 枚硬币，看看哪边更重呢？

❸ 我们看到装着硬币的一边向下沉，说明硬币更重，这时我们将装有硬币的杯子往里挂一格或两格，看看会有什么变化呢？

* 一枚一元硬币的重量约为 6 克，我们可以使用常见的硬币来作为计算重量的砝码。

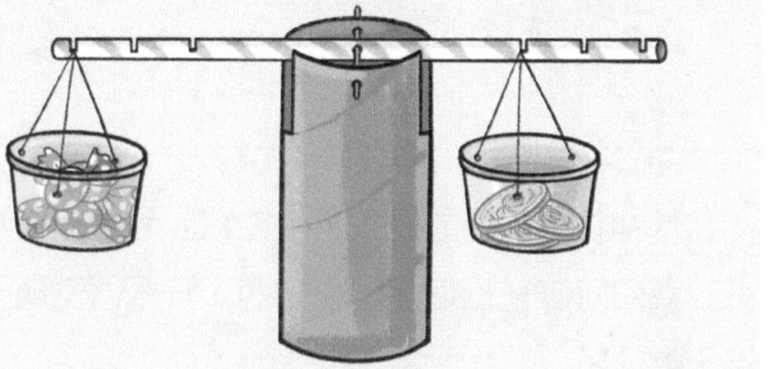

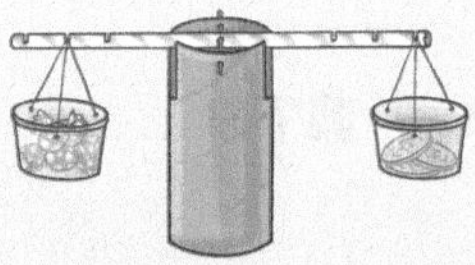

我会做各种机械小玩具

引入

你有没有了解过钟表内部的秘密呢？机械钟表以重锤或弹簧释放能量为动力，推动一系列齿轮运转，带动指针指示时刻。将机械钟表靠近耳朵细细聆听，你就能听到“嗒嗒嗒嗒”齿轮转动的声音，大齿轮带动小齿轮，转动频率不一样，却又那么和谐。这次我们就来一探机械传动的奥秘吧！

机械传动是用于将动力从一部分传递到另一部分的装置。机械传动的形式有很多，常见的有齿轮传动、链传动、绳带传动、连杆传动、凸轮传动等。

现在让我们尝试用凸轮传动来做一个好玩的机械玩具吧！

·材料预备·

纸盒、铁丝、卡纸、画笔、剪刀、万能胶或胶带

【步骤】

❶ 准备一个纸盒、两根铁丝，再在纸板上剪出两个圆片。

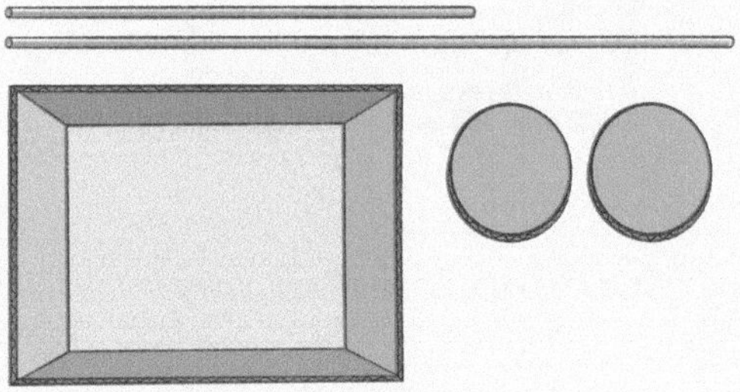

❷ 将铁丝穿过纸盒的一侧，然后穿过一个圆片（不要从圆片中间穿过，而是从圆片一侧穿过，构成一个偏心轮），然后将铁丝从纸盒的另一侧穿出。

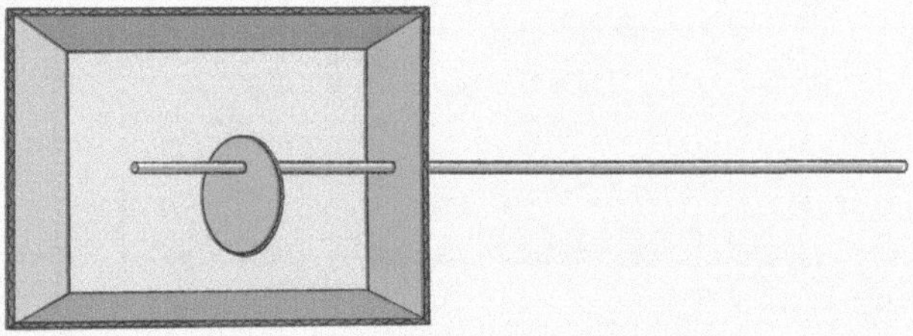

③ 将铁丝折叠成如图所示可转动的手柄。

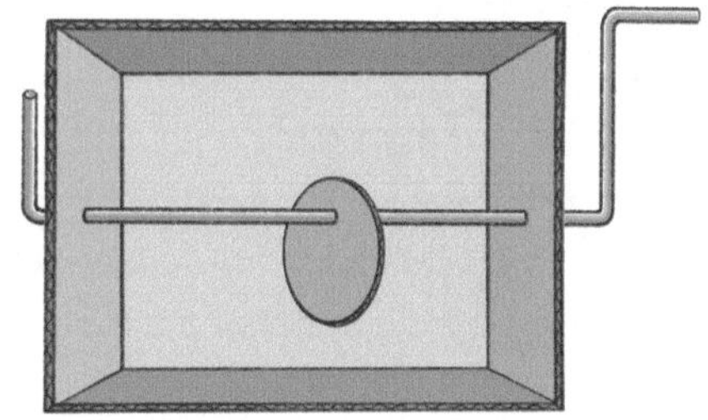

④ 将另一根铁丝从纸盒顶部穿入，并将圆片贴在铁丝底部。

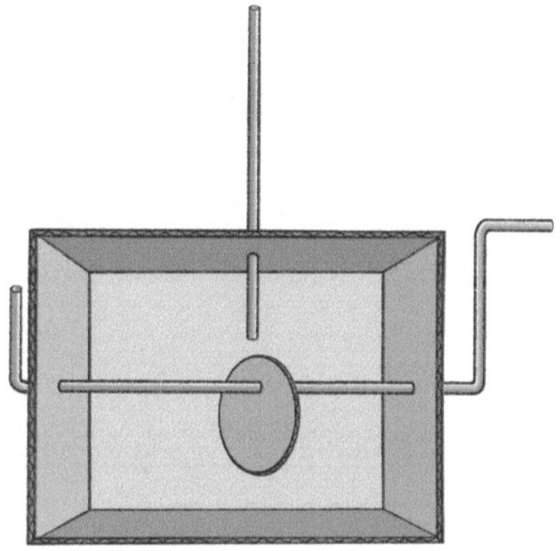

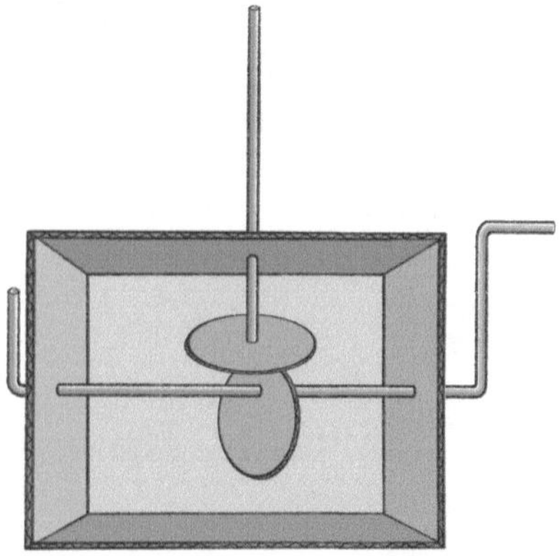

⑤ 在卡纸上画出好玩的卡通图案，并剪下来。

⑥ 将卡通小猫贴在铁丝的上端，如图所示。

⑦ 将草丛图案贴在纸盒上，挡住卡通小猫的身体，只露出眼睛。

8 当转动右侧手柄时，卡通小猫就会上下活动，形成在草丛中上蹿下跳的效果。

延伸与拓展

我们这次做的机械玩具用的是凸轮中的偏心轮结构。

偏心轮是指轴心不在中间的轮形结构，当凸轮没有绕着自己的中心旋转时，就成了偏心轮。利用凸轮的旋转，可以带动另一个物体实现往复运动。在日常生活中有很多机器的内部都运用了这个结构，像打印机、汽车引擎中都有使用。

・小挑战・

我们这次做的凸轮玩具，是将偏心轮置于小猫的正下方，当转动把手时，小猫做上下运动。现在我们将偏心轮的位置移到小猫下方的某一侧，看看会发生什么变化呢？

接着我们再来加一个反方向的偏心轮，看看又会发生什么变化呢？

书房

用玩具小人做定格动画

引入

相信你对于动画片一定不陌生吧！经常看动画片的你，知道它是怎么做出来的吗？动画是通过把对象的表情、动作、变化等分解后，画成许多动作瞬间的画幅，再用摄像机或摄影机连续拍摄剪辑成一系列画面，给视觉造成连续变化的错觉的作品。动画利用的是视觉暂留原理。医学证明，人类具有“视觉暂留”的特性，当人的眼睛看到的一幅画或一个物体消失后，人眼仍能保留它的影像0.34秒左右。利用这一原理，在一幅画还没消失前就播放下一幅画，就会给人造成一种流畅的视觉变化效果。

这次我们要做的定格动画又叫逐帧动画，是一种特殊的动画形式，它是通过逐帧拍摄对象，然后使之连续放映，从而产生动画效果的形式。

现在，拿出自己的玩具小人和其他布景道具，通过自己的想象，编造或模拟出一个场景，来拍一段好玩的定格动画吧！

下面先示例如何制作一小段玩偶跳舞的画面。

·材料预备·

关节可活动的玩具、手机或相机

【步骤】

❶ 将玩偶分步摆出连贯的动作，并逐一拍下照片。

❷ 在视频处理 App 中，加入所有照片，将每张照片的播放时间调节为 0.2 秒左右，导出后就可以形成好玩的小视频或动图了。

延伸与拓展

一个吸引人的故事是一段好动画的基础。定格动画由于制作较为烦琐，往往不适合情节复杂的剧本。短小好玩的一段小场景故事并不需要交代得面面俱到，只要你有一个好主意就够了。

做一段动画视频之前，我们在前期最好策划得完善一些，可以画几张草图来帮自己梳理出每一帧镜头所想要呈现的效果，做到胸有成竹才能事半功倍。

当我们的玩具中没有需要的道具时，也可以尝试通过剪贴手绘图片，捏橡皮泥模型的方法来代替哦！

·小挑战·

尝试用定格动画的形式拍摄并制作一段 10 秒以上的小动画吧！

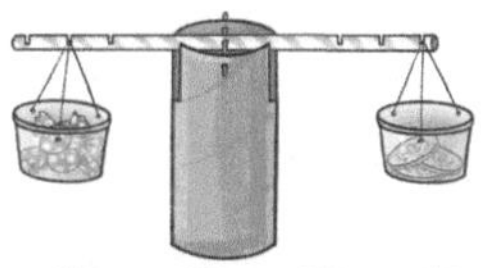

变废为宝的 DIY 钥匙圈

引 入

在日常生活中，有很多具有热胀冷缩特性的物体，被踩扁的乒乓球用热水烫一烫就鼓起来了；煮熟的鸡蛋放冷水里泡一泡就变得很容易剥开；温度计里的水银会因为温度变高而升高；每段铁路轨道之间也会预留缝隙，以防止因温度过高而产生变形等。但当我们向矿泉水瓶里倒入热水时，你就会发现塑料的矿泉水瓶收缩了。

对于一般物体来说，它们通常符合热胀冷缩规律。然而，对于经特殊预处理的高分子材料来说，它们却表现出热缩的现象。日常生活中的塑料瓶大部分是由高分子材料 PET 做的，所以会出现遇热收缩的现象。

这次我们就利用塑料的这一特质，来做出漂亮的卡通钥匙圈吧！

·材料预备·

塑料盒、画笔、剪刀、打孔器、吹风机、钥匙圈

【步骤】

❶ 剪出塑料盒中平整的可用部分。

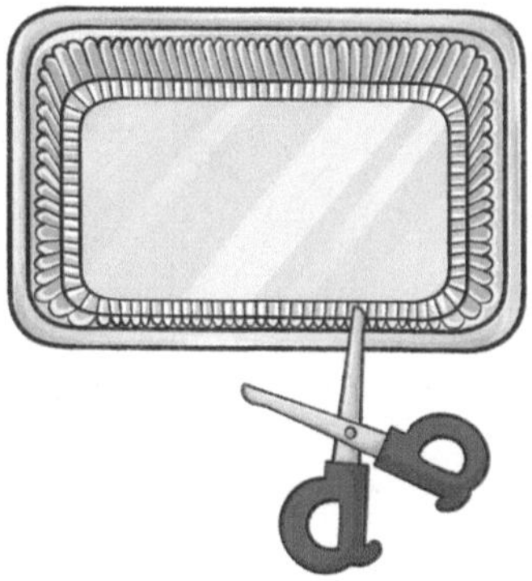

❷ 在塑料片上画出喜欢的图案并剪下来。

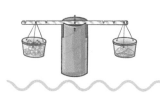

❸ 用打孔器在图形上方及其他所需处打孔。

❹ 用吹风机加热塑料片，使之变形收缩至平整的厚片。

❺ 将卡通塑料片套入钥匙圈中，作为装饰。

延伸与拓展

塑料受热收缩的性质源于加工过程中预先进行的拉伸。在生产过程中，塑料经过了拉伸处理，然后再经过冷却，材料中的分子就被“固定”在了拉伸状态。这样加工过的塑料制品会出现形状记忆效应，当再次被加热软化时，处于拉伸状态的分子又得到了更大的活动余地，它们会倾向于恢复到拉伸之前较为蜷曲、收缩的状态。因此塑料在高温中经历了一翻扭曲之后，最终还能恢复到接近平展的状态，上面的图案也不会变形。

·小挑战·

尝试利用热缩塑料做一朵美丽的装饰花吧！你可以做平面的，也可以做立体的。

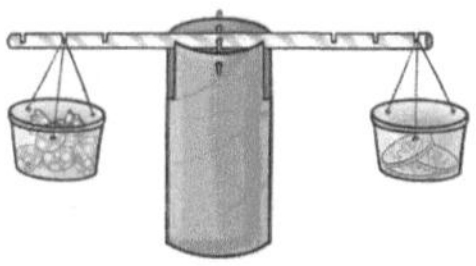

用橡皮擦刻出卡通图章

引 入

你知道中国古代的四大发明吗？它们是造纸术、印刷术、指南针以及火药。这次我们来了解一下印刷术！自从汉代蔡伦发明了纸以后，人们的书写材料比过去用的甲骨、简牍（dú）、金石和缣（jiān）帛（bó）轻便、经济了很多。在印刷术发明之前，文化的传播主要靠人力手抄书籍，不仅耗时费力，还容易抄错、抄漏，极大地阻碍了文化的发展和传播。后来，印章和石刻给印刷术提供了直接的经验性启示，用纸在石碑上进行墨拓的方法，为雕版印刷指明了方向。

活字印刷术的发明是印刷史上一次伟大的技术革命。北宋的毕昇发明的泥活字，标志着活字印刷术的诞生。活字印刷的方法是先制成单字的阳文反文字模，再按照稿件把单字排选出来排列在字盘内，然后涂墨印刷，印完后再将字模拆出，留待下次排印时再次使用。

这次我们也来试试自己动手用橡皮刻一枚印章吧！完成后，我们就可以快速重复地印出同一个图案啦！

·材料预备·

橡皮、刻刀、印泥

【步骤】

❶ 在橡皮上画出印章图案。

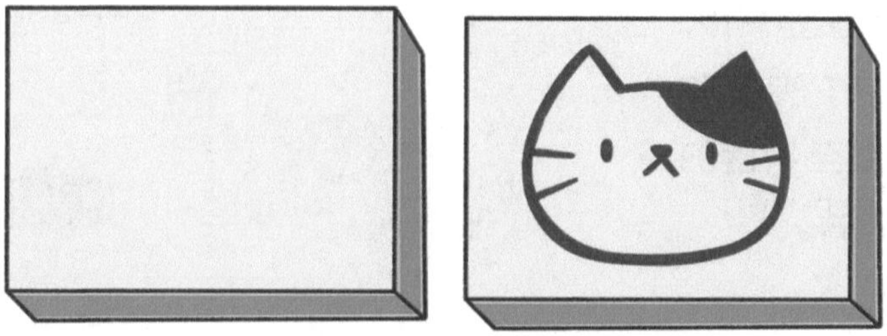

❷ 用刻刀沿图案外侧刻一圈。

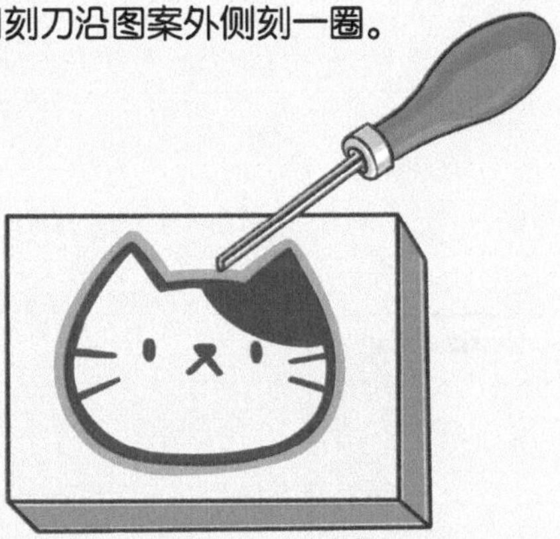

❸ 再用刻刀沿图案内侧刻一圈。

❹ 刻除除了图案轮廓线之外的部分。

* 也可只刻除图形轮廓线的部分，形成轮廓线内凹的印章。

❺将印章涂上印泥，印在纸上。

延伸与拓展

在雕刻印章的过程中，我们会发现，在刻文字的时候，如果按我们的视线刻下文字的话，印在纸上的文字是反着的，这就需要我们通过转印的手法在印章上刻出反向的文字，这样才能印出正向的文字。

在刻完印章后你的图案轮廓线是凸出来的还是凹进去的呢？

原来刻章分为阳刻和阴刻，图案线条凸出来的为阳刻，凹进去的为阴刻。分别试试阳刻和阴刻吧，看看它们的效果有什么不同呢？

· 小挑战 ·

我们除了可以刻单个图案的印章之外，还可以刻组合章哦！同一图形搭配阳刻和阴刻的印章还可以达到套色的效果呢！

我们可以将阳刻印章涂黑色印泥印出图案的轮廓线，再将阴刻印章涂上彩色印泥印出图形内部的色彩。

来尝试刻出一组可以套色的组合印章吧！

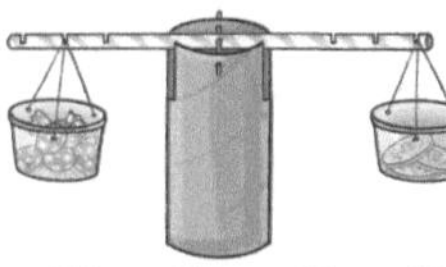

一筒一膜就能做小鼓

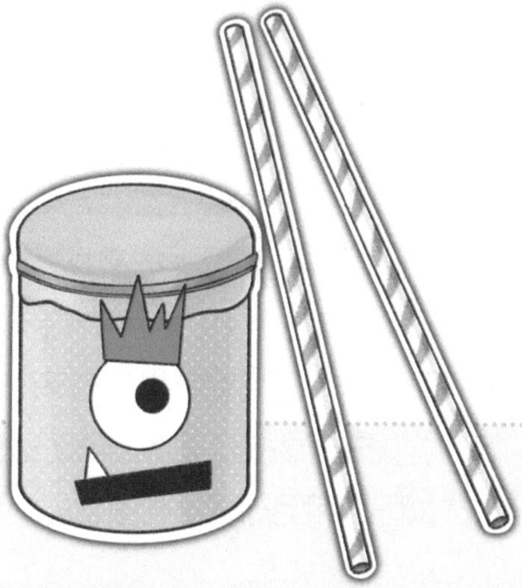

引 入

你知道声音是如何产生的吗？声音是由物体振动产生的，它是一种波。声波的传递需要介质（气体、固体、液体），当我们放声歌唱、拍打一个鼓或敲击玻璃杯时，物体的振动会引起空气分子有节奏的振动，使周围的空气产生疏密变化，形成疏密相间的纵波，这就产生了声波。

可以发声演奏音乐的工具叫作乐器。根据构造或发声原理的不同，乐器可以分为五大类：气鸣乐器（笛类、号类、手风琴、口琴等）、弦鸣乐器（提琴、古筝、竖琴等）、膜鸣乐器（架子鼓、定音鼓、铃鼓等）、体鸣乐器（沙锤、铜锣、口弦等）和电鸣乐器（电子琴、电提琴、电风琴等）。

这次，我们就根据声音产生的原理，利用身边的材料来做一个可以敲打出声音的小鼓吧！

·材料预备·

铁罐、气球、橡皮筋、画笔、彩色卡纸、吸管或筷子、双面胶

【步骤】

❶ 将气球从中间剪开。

❷ 将气球撑开后套在铁罐上。

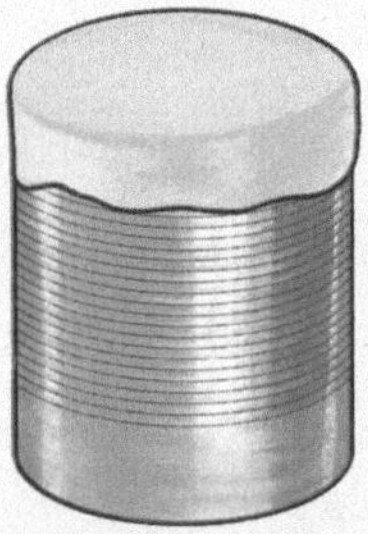

❸ 在罐口套上橡皮筋固定。

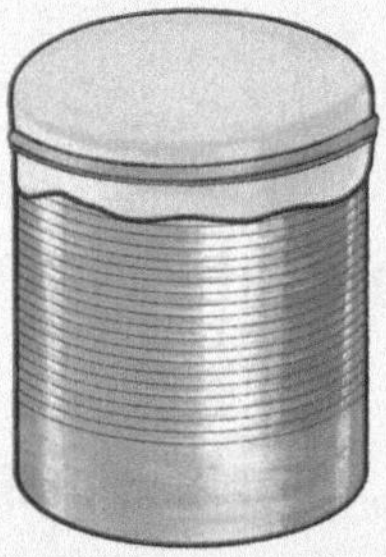

❹ 可在铁罐外侧贴上彩纸，装饰成好玩的造型。

❺ 用两根吸管或筷子来敲打试试看吧！

延伸与拓展

我们做的小鼓属于膜鸣乐器，紧绷的膜受到敲击产生振动，从而发声。鼓的发声主要来自膜的振动，而鼓体只起到共鸣的作用，但鼓体的容积和形状对鼓的音质有一定的影响。

当我们在鼓面的不同地方敲击时，会听到不同的声音，因为鼓面的不同位置的振动也是不同的。我们可以通过将米撒在鼓面上来观察一下，可以发现敲击鼓面中心时比敲击边缘时米弹得更高，也就是说敲击中心时鼓面的振动幅度更大，同时声音也更大。由此可以得出声音的大小，也就是音量由振动幅度决定。

那么声音的高低又是由什么决定的呢？当我们尝试调整鼓面的松紧时，可以发现鼓面调得越紧，声音越高，原来鼓面的松紧和厚薄都会对声音的高低产生影响。其实这些因素最终影响的是鼓面的振动频率，振动频率是指物体在单位时间内振动的次数，振动频率越高，音调也就越高。

·小挑战·

找出家里可以用来做鼓的材料，尝试使用不同形状、大小的鼓身，不同材质的鼓面和鼓棒来组合出不同音色的小鼓。

可以用来做鼓身的材料有：水桶、饼干筒、脸盆、碗、杯子、饮料瓶、酸奶盒等。

可以用来做鼓面的材料有：保鲜膜、塑料包装纸、纸、布、浴帽、宽胶带、纸巾等。

可以用来做鼓棒的材料有：吸管、筷子、铅笔、擀面杖、勺子、树枝等。

厨房

自制模具，什么形状都能复制

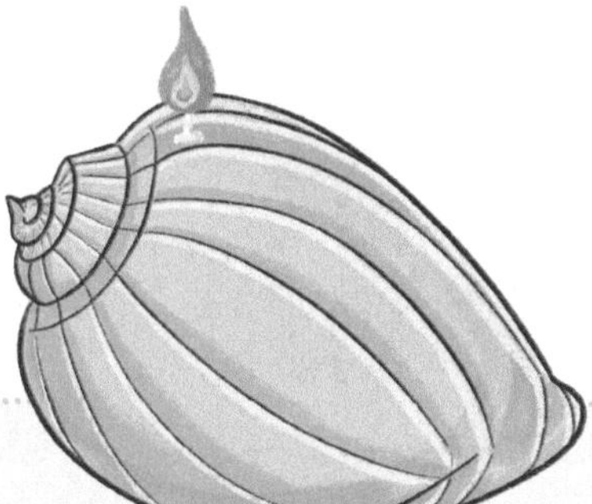

引 入

酸甜有弹性的果冻你一定很熟悉吧，你知道果冻是用什么做的吗？

果冻大多由卡拉胶加水和果汁制成，也叫啫喱，它晶莹剔透，口感软滑。

制作果冻的主要成分卡拉胶，能起到将液体增稠至凝固的效果，也可用食用明胶、魔芋粉、琼脂、果胶等类似的食品凝固剂来代替。这些胶质材料通常为颗粒状、粉末状或片状，溶于热水后形成有黏性、透明的溶液，当溶液冷却后便会凝结成富有弹性的胶体。

这次我们就利用食品凝固剂来做一个好玩的翻模游戏吧！

翻模指通过制作模具对一件物体进行复制，复制的材料可替换，通常石膏、硅胶、藻酸盐等可流动又可凝结成固体的材料都可以用来做模具。

·材料预备·

琼脂、水、蜡块、棉线、碗、水杯（或其他容器）

【步骤】

❶ 取适量琼脂在水中浸泡后熬煮至融化。

❷ 在溶液中放入想要复制的物体，这里放入的是一枚美丽的海螺。

❸ 待溶液凝固后剖开胶体，取出海螺，形成中空的模具。

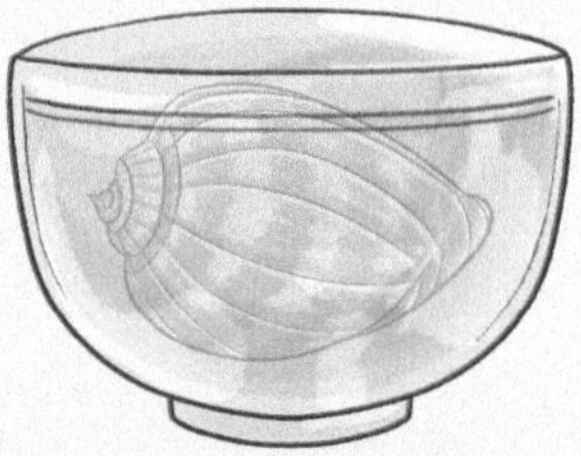

❹ 将蜡块隔热水融化成液态，若需要调色可融入彩色蜡笔。

❺ 将蜡液倒入胶质模具中。

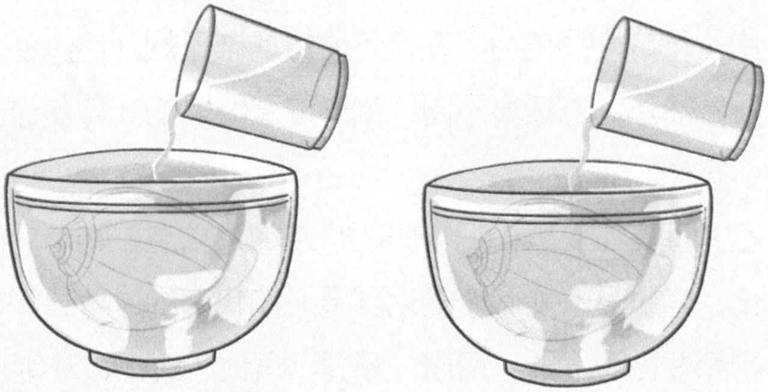

❻ 将棉线底部打结放入蜡液中。

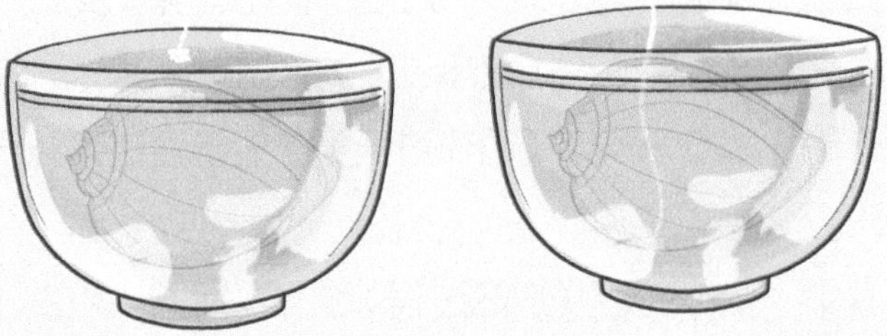

❼ 待蜡液凝固后，取出蜡质海螺，便形成了一个造型漂亮的蜡烛。

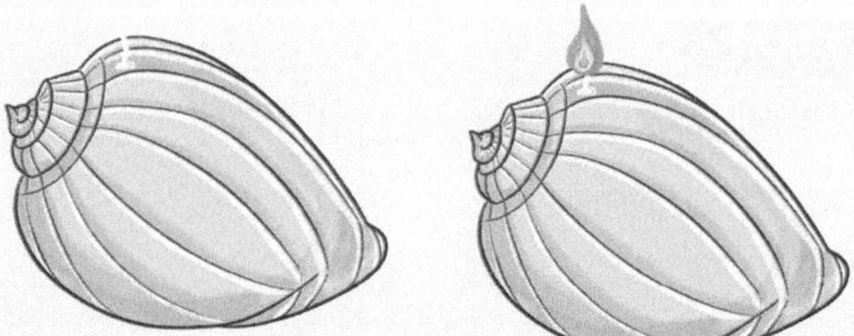

延伸与拓展

通过这个实验，我们来了解一下物态变化。

由于构成物质的分子在永不停息地做无规则热运动，且不同的分子做热运动的速度不同，就形成了物质的 3 种状态：固态、液态、气态。

在物理学中，我们把物质的状态称为物态。物态之间可以相互转化，物质从一种状态变化到另一种状态的过程，叫作物态变化。物态变化有 6 种：熔化、凝固、汽化、液化、升华、凝华。

熔化：固态→液态（吸热过程），如铁变成铁水，石蜡变成液态蜡。

凝固：液态→固态（放热过程），如铁水变成铁，液态石蜡凝固成石蜡。

汽化：液态→气态（吸热过程），如酒精挥发。

液化：气态→液态（放热过程），如露，雾的形成。

升华：固态→气态（吸热过程）：如碘变成碘蒸气，冰变成水蒸气。

凝华：气态→固态（放热过程）：如霜、雾凇、冰花 、雪的形成。

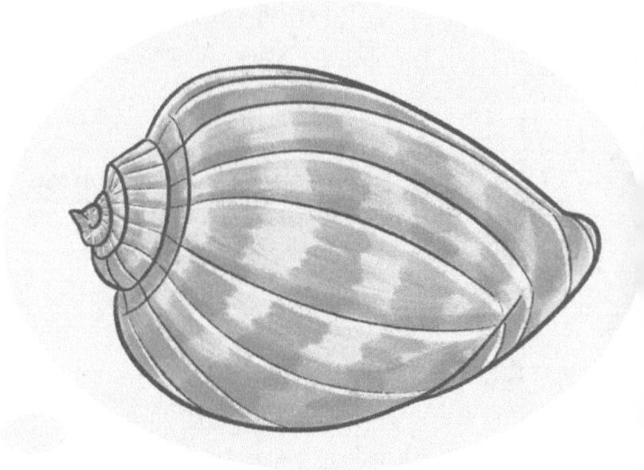

· 小挑战 ·

在厨房里找一找，有哪些食材可以进行这样的物态转化呢？（巧克力、糖果、黄油、棉花糖、水）尝试自制模具，做出形状好玩的巧克力或糖果吧！

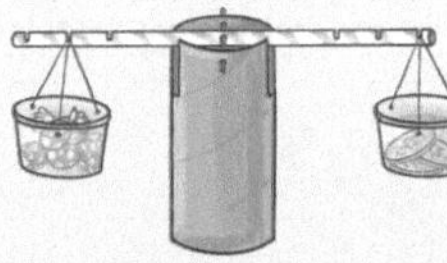

童话里的姜饼糖果屋

引入

用饼干和糖果做成的小房子你是不是只在童话和梦中见过呢？这次我们就来圆一圆心中的梦，用饼干和糖果来搭一座姜饼糖果屋吧！

姜饼屋是一种以姜饼为制作材料的房屋模型。姜饼是一种加入姜粉的饼干，特别适合在冬天的时候吃着暖胃。在冬天，新年即将到来时，一家人一起来做一座由糖霜和糖果装饰而成的姜饼屋，是欧洲的传统习俗。姜饼屋通常屋顶高耸，积满“白雪”，表面装饰着彩色的糖果，完美还原了我们梦中的童话世界。

这次，我们就一起动手打造一座漂亮的姜饼屋吧！

·材料预备·

125克黄油、120克红糖粉、1个鸡蛋、140克蜂蜜，420克面粉、15克姜粉、15克肉桂粉、5克盐、3克小苏打，擀面杖、碗、打蛋器、蛋白霜

【步骤】

❶ 在大碗中加入黄油、红糖粉、鸡蛋、蜂蜜，用打蛋器搅打均匀。

❷ 继续加入面粉、姜粉、肉桂粉、盐、小苏打，用打蛋器搅打均匀后，用手揉成面团。

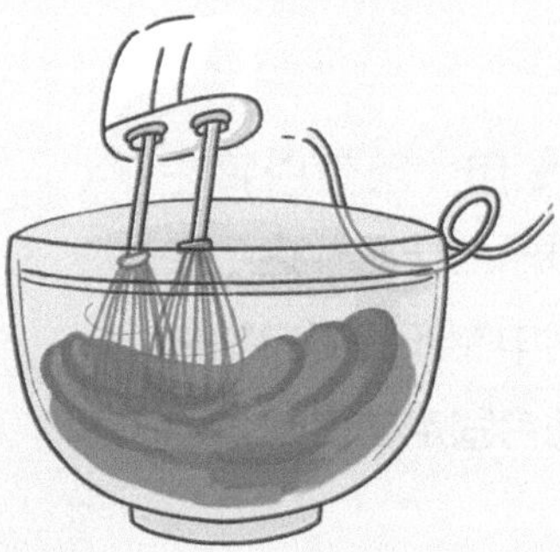

❸ 将面团包上保鲜膜放入冰箱冷藏至少一个小时，取出后将面团擀成 3 ～ 5 毫米厚的面片。

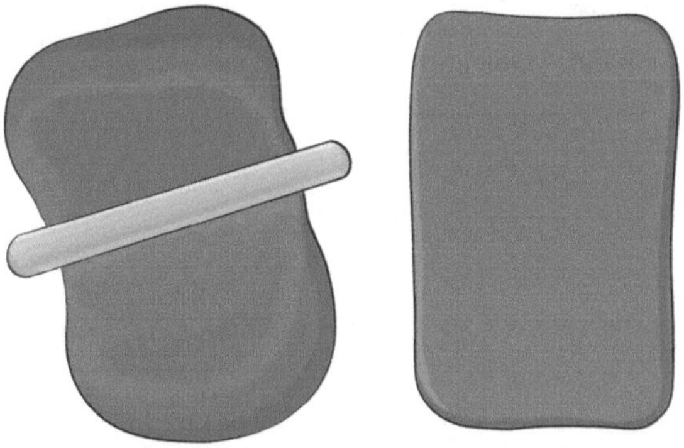

❹ 根据小屋的设计，在面片上切割出房屋组成部分的形状，然后将它们放入烤箱，在 160 摄氏度下烤 25 分钟。

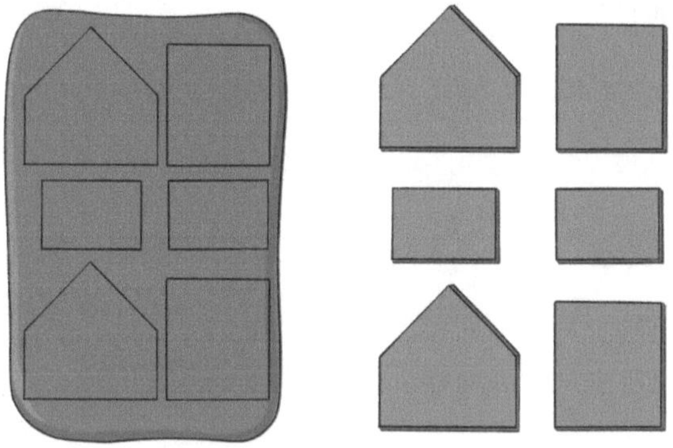

❺ 用“用蛋白霜在饼干上作画”这个实例中制作的蛋白霜来粘合固定姜饼屋。

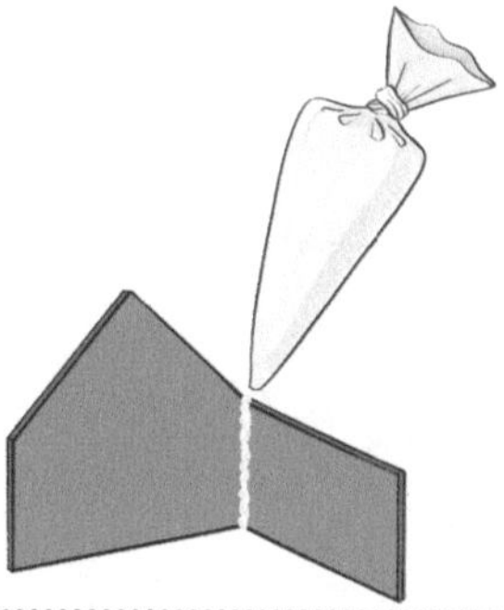

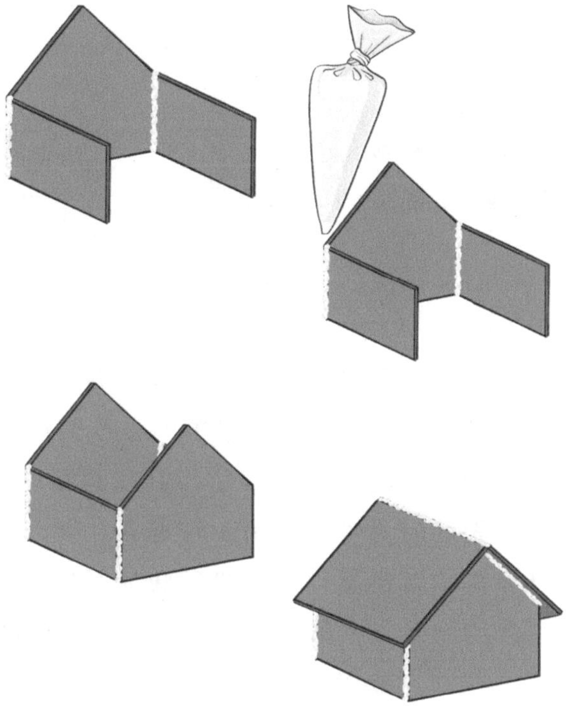

❻ 用蛋白霜作为粘合剂，在姜饼屋上粘上各种彩色的糖果作为装饰。

延伸与拓展

我们已经完成了一座简单又经典的姜饼糖果屋，要想搭建出一座姜饼屋，我们就需要像建筑师一样，发挥空间想象力，一步一步将它组合实现出来。你还有没有其他外形结构的小屋或建筑想要设计制作呢？可以按照以下步骤去实践。

1. 画出小屋的设计草图，大概了解小屋的结构和所需要的部件。
2. 将三维立体的小屋拆解成一块块二维平面的部件，包括屋顶、烟囱、墙壁、窗户、门等，并计算好尺寸，画出图纸。
3. 将图纸中的每一个部件剪出来，并做好部位标记，将各部件纸片放置在擀好的面片上，沿轮廓将它们一一切割下来。
4. 将切割好的部件放入烤箱烘烤。
5. 从烤箱取出部件后放凉，用蛋白霜作为粘合剂搭建起小屋。

·小挑战·

看看右边这座姜饼屋，你能想象出搭建它需要哪些部件吗？拿出白纸试着画出它的图纸吧！

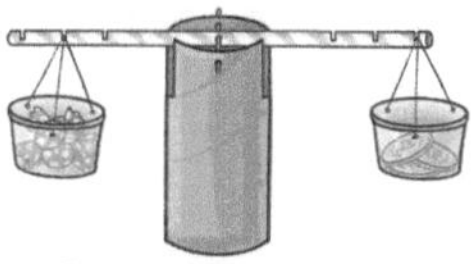

饼干切出小图案

引 入

你喜欢吃饼干吗？你平时吃的饼干都是什么样的呢？你有没有见过镶嵌着卡通图案的饼干？你知道它们都是怎么做出来的吗？其实，卡通饼干上的图案可不是一片一片像捏橡皮泥那样捏出来的，如果那样的话也太费时间了吧？

带有卡通切面的饼干通常是用不同颜色的长条状面团堆叠出这个图案的切面，然后切出好多片饼干，这样每一片饼干的切面都会有一样的卡通图案。

下面我们就要利用自己强大的空间想象力，来做一款带有卡通切面的饼干！

· 材料预备 ·

150 克低筋面粉、100 克黄油、50 克糖粉、1 个鸡蛋、适量可可粉、碗

【步骤】

❶ 在大碗中加入低筋面粉、黄油、糖粉、鸡蛋，揉成面团。

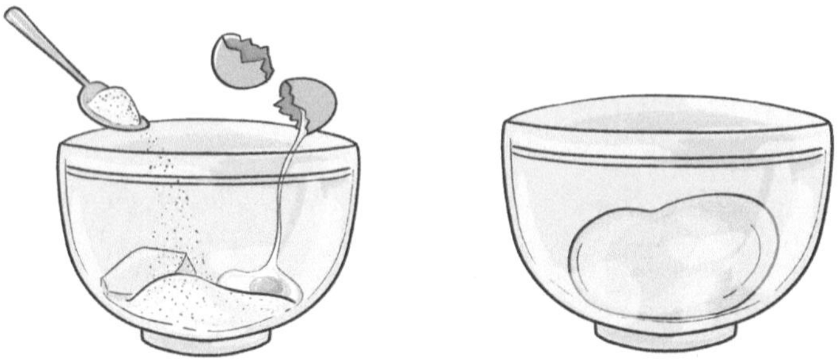

❷ 取出一半面团，在剩余面团中加入适量可可粉，揉匀成咖啡色面团。

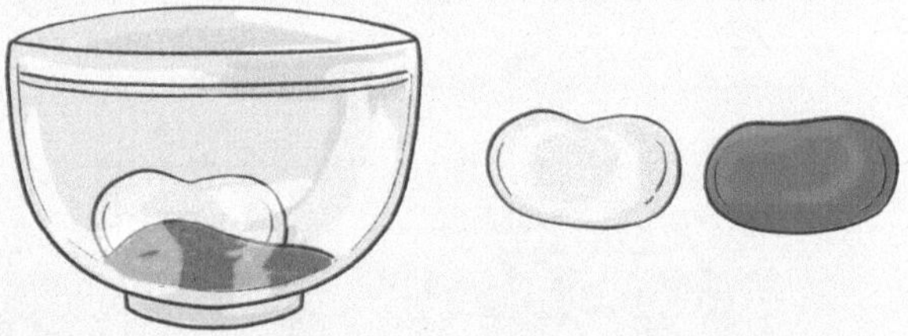

❸ 按照下图所示的结构，逐层搭出兔子的脸。

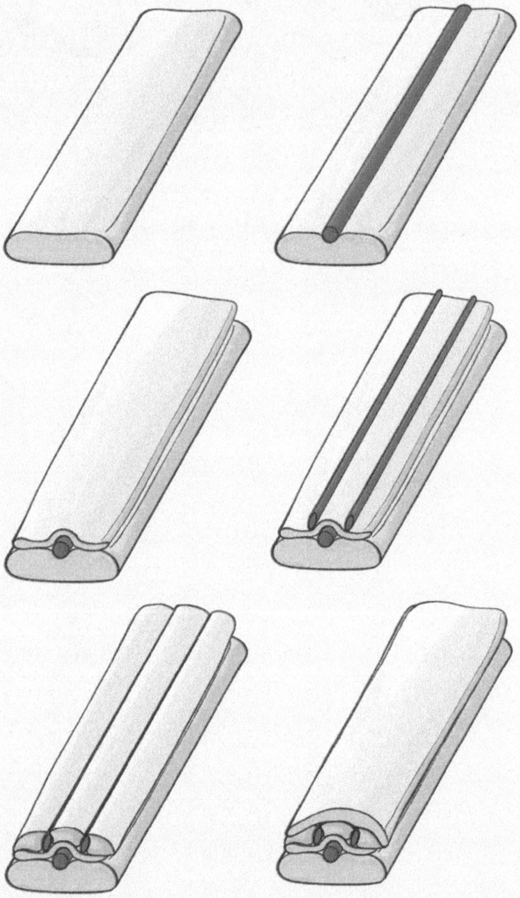

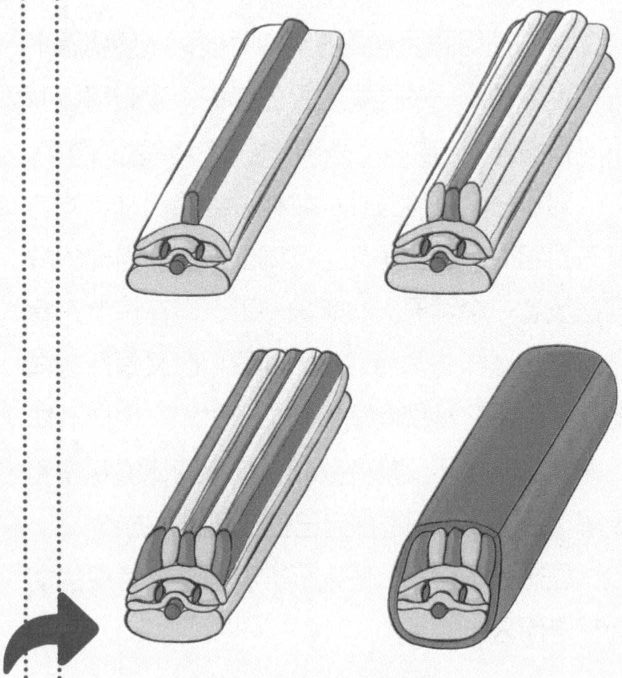

❹ 将面团滚动压紧实后切片，然后放入烤箱，在 180 摄氏度下烤 15 分钟即可。

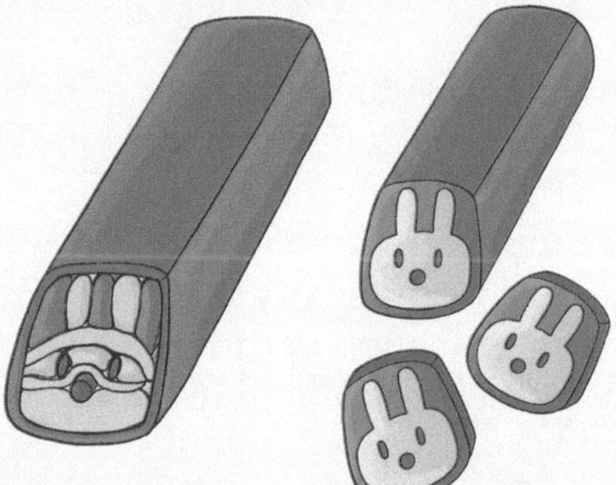

延伸与拓展

我们在用面团堆叠图案的时候，从顶部看下去很难想象最后的图案会是怎样的，我们可以时不时看看面团的侧面，来确认面团的横截面图案。

对于一个三维立体的物体，当我们从不同方位去看它时，它会呈现出不同的形态。当你的眼前摆放着一个苹果时，想象一下，你在正上方看它时是什么样的？当你从侧面看它时又是什么样的？当你将它从横向或纵向切开时，又是什么样的呢？这时候不仅需要我们对这个物体的观察和了解，还需要我们发挥自己的空间想象力。

回想一下橙子、哈密瓜、猕猴桃、苹果的切面都是什么样的呢？

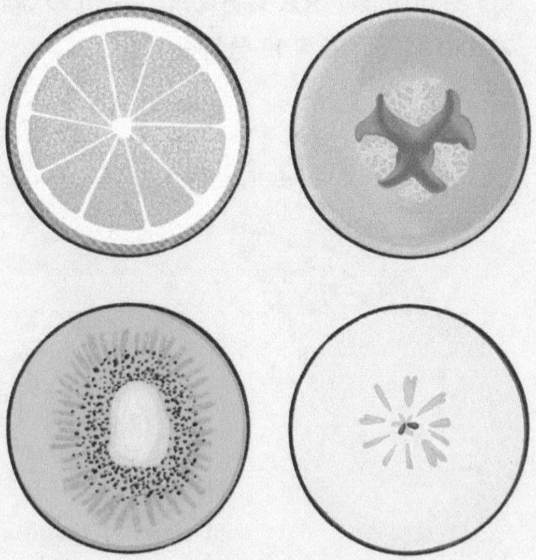

·小挑战·

我们已经完成了一款萌萌的小兔子饼干，接下来升级难度，来试试做出下面小熊和企鹅切面的饼干吧！

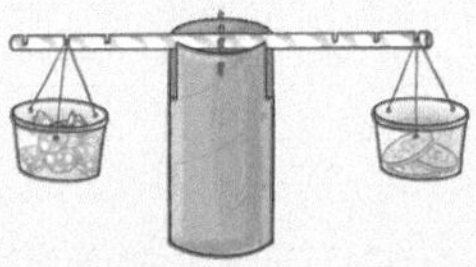

蛋宝保护计划

引 入

近几年，方便快捷的网络购物风靡世界，拆快递也成了我们日常的快乐源泉之一。当我们打开快递盒时，是不是经常会拆出一些泡沫板、气泡袋、珍珠棉之类的填充物呢？其实这些快递盒中的填充物都是缓冲防震的包装材料，它们包裹着我们购买的商品，为一路颠簸而来的商品保驾护航。那么什么样的材料可以起到缓冲防震的效果呢？它们都有哪些共同特点呢？

下面我们要通过一个“蛋宝保护计划”的小实验来找出日常生活中的防震好手。

我们都知道蛋是易碎物，这次我们就要为“蛋宝”来设计一副盔甲，保护它即使从高处落下也能毫发无伤。

· 材料预备 ·

鸡蛋、吸管、剪刀、胶带、装饰品、画笔

【步骤】

❶ 在鸡蛋上贴上或画上表情，装饰成自己喜欢的样子。

❷ 将一根吸管平均剪成 3 段，并围成一个三角形，用胶带固定。

❸ 加入如图所示的另外 3 段吸管，并用胶带固定，形成三棱锥结构。

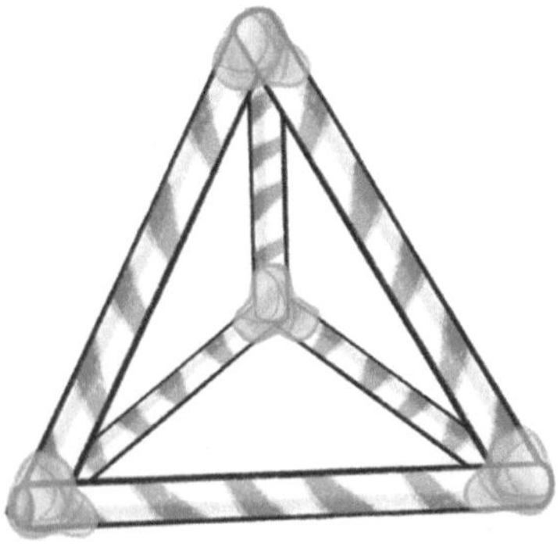

❹ 将“蛋宝”塞入三棱锥中。

❺ 另取 6 根吸管，用胶带分别固定在三棱锥的 6 条边上。

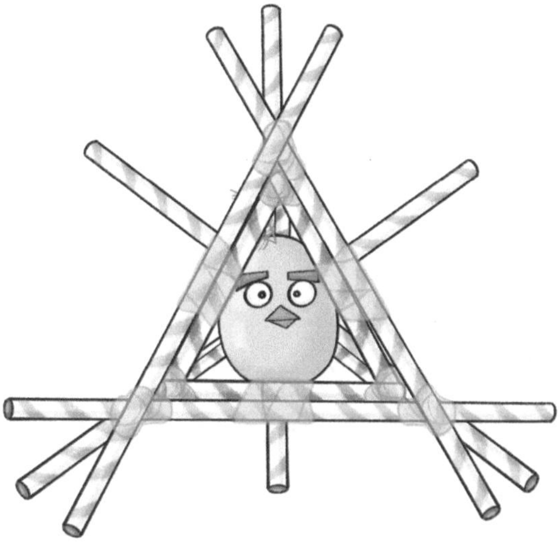

❻ 尝试从不同高度松手让“蛋宝”落下，看看“吸管盔甲”对“蛋宝”的保护能力如何？

延伸与拓展

要保护好易碎物体，需要缓解物体落地时所受的冲击力，以及用包装材料来吸收大部分的振动能量，也就是缓冲和吸振。像气泡垫、充气袋、气柱袋、瓦楞纸等材料里充满了空气，富有弹性，可以很好地缓冲碰撞对物体的冲击和损伤。

我们在实验中用到的材料——吸管是有弹性的空心管，兼具了缓冲和吸震的功能，是一种很好的保护材料。

· 小挑战 ·

除了吸管，还有哪些有空隙、有弹性的材料可以保护我们的“蛋宝”呢？尝试用各种不同的材料来包裹蛋宝，并做好记录，看看哪种材料和结构的效果最好吧！

当然，除了给“蛋宝”包裹上缓冲吸震的材料和结构外，我们还可以给“蛋宝”做一个降落伞或其他好玩又有功效的小装备来保护蛋宝。

阳台

捕捉树叶的呼吸

引 入

你觉得树叶会呼吸吗？其实植物和我们人类一样，都会呼吸。

当我们在呼吸时，将手指放在鼻下或嘴巴前面，就可以感受到一阵温暖的气流。当我们带着口罩呼吸一段时间后，就会感觉口罩变潮湿了。当我们对着镜子呼一口气，镜子上就会出现模糊的一小片雾，也就是水汽，这说明我们在呼吸时会不停地释放水汽和二氧化碳。

其实植物也像人一样会呼吸，这次我们就要通过一个小实验来验证一下。

材料预备

碗、水、油、叶片

【步骤】

❶ 在玻璃碗中倒入水。

❷ 将叶片放入水中。

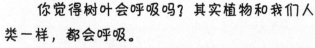

③ 在碗中倒入油，使油覆盖住水面，从而让叶片完全浸泡在水中。

④ 静置一段时间后，你会发现叶片的表面和四周出现了很多小气泡。

延伸与拓展

我们知道植物在光合作用下会吸收二氧化碳释放出氧气，而植物的呼吸作用过程与光合作用正好相反。

在白天日光照射下，植物的光合作用比呼吸作用旺盛得多，光合作用产生的氧气抵消掉呼吸作用消耗的那部分后，还有大量剩余氧气，便会释放到空气中。

当太阳落山，天色渐暗，需要阳光参与的光合作用便停下了，而呼吸作用是伴随着整个生命过程不间断进行的。

由此我们也可以判断一下，在一个小树林中，是清早的空气更让人舒适，还是傍晚时分的空气更让人舒适呢？

·小挑战·

尝试不把叶片摘下来，直接在树枝上做一个验证叶片呼吸的小实验，你觉得可以怎样做呢？

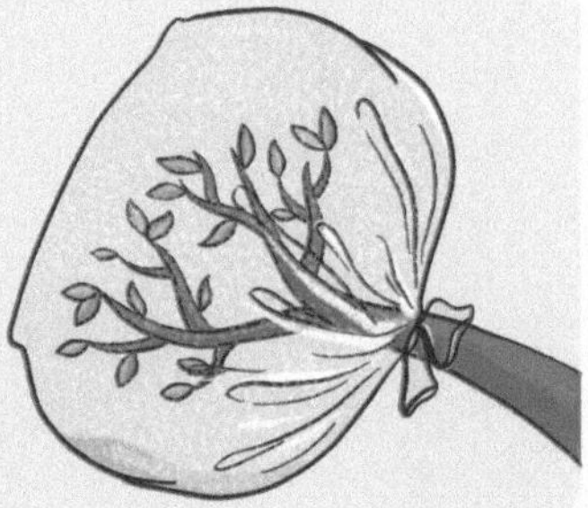

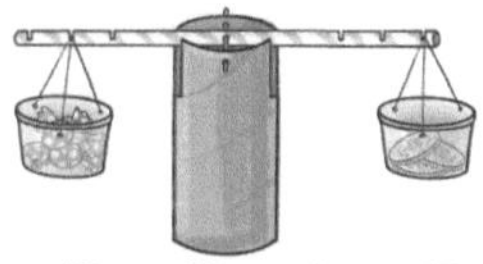

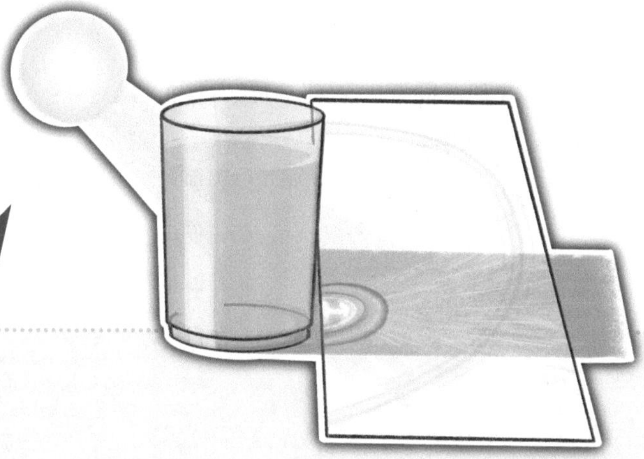

自己动手造彩虹

引　入

彩虹是大自然中难得的美景，只有在雨过天晴的时候可能出现，因为雨后的空气中充满了小水滴，当太阳光照射在半空中的小水滴上时，光线会被折射及反射，从而在半空中形成拱桥形的七彩光谱。光谱由外圈至内圈分别呈红、橙、黄、绿、蓝、靛、紫这7种颜色。由此可以想到，除了在雨后的阳光下，我们还可能在喷泉和瀑布等类似场景的附近寻觅到彩虹的踪迹。

这次我们就根据彩虹形成的原理，来自己动手造出一道绚丽的彩虹吧！

·材料预备·

水杯、白纸、镜子、水

【步骤】A 方案

❶ 在水杯中倒满水。

❷ 将水杯放在太阳下，并在太阳的反方向处放一张白纸。

❸ 当阳光经过水杯折射在白纸上时，我们就能看到美丽的彩虹啦！

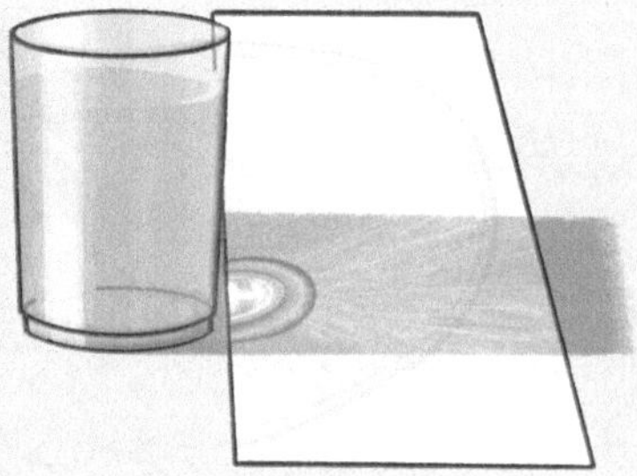

B 方案

❶ 将一面小镜子斜插着放入水杯中。

❷ 将镜子面朝太阳，再拿着白纸在镜面反光处捕捉被反射出的彩虹。

延伸与拓展

我们日常看见的日光是彩虹中所有颜色的光混合的结果，当光经过装着水的玻璃杯时便会被折射，发生弯曲，因为每种颜色光的折射率不同，因此不同的颜色会以不同的角度发生弯曲，我们看到的彩虹便是日光散射的光谱。根据彩虹形成的原理，我们可以背对着阳光，用喷壶向半空中喷水，如果水滴密度和角度合适，或许就能找到淡淡的彩虹。

·小挑战·

根据彩虹形成的原理，想一想，你还能想到什么其他的方法或材料可以用来制造彩虹呢？

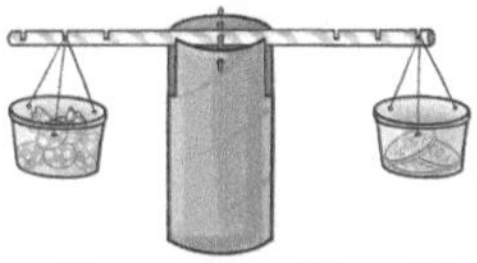

花草自动浇水器

引　入

你的家里有没有养一些花花草草？绿植和花卉不仅可以很好地装饰、美化我们的生活空间，还可以净化空气，愉悦身心。但是，在养护花草的过程中，你是不是会经常忘记浇水，或出去旅行一趟回来发现家里的花草都渴得枯萎了？

这次我们就来想想办法，看看可以利用哪些科学原理做一个自动浇水器。

·材料预备·

塑料瓶、剪刀、吸管、万能胶、一盆花草

【步骤】

❶ 在塑料瓶下方剪开两个圆孔。

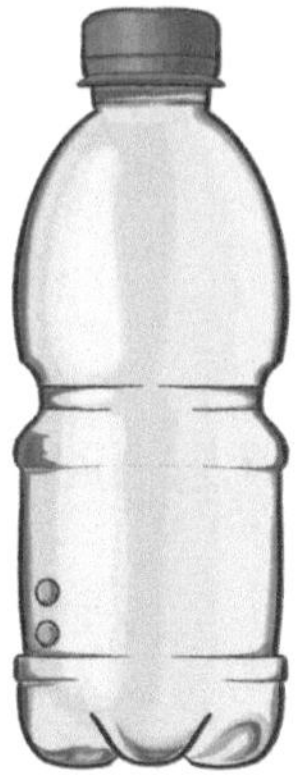

❷ 在圆孔处插入两根吸管。

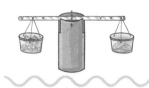

3 用万能胶固定吸管，并密封空隙处。

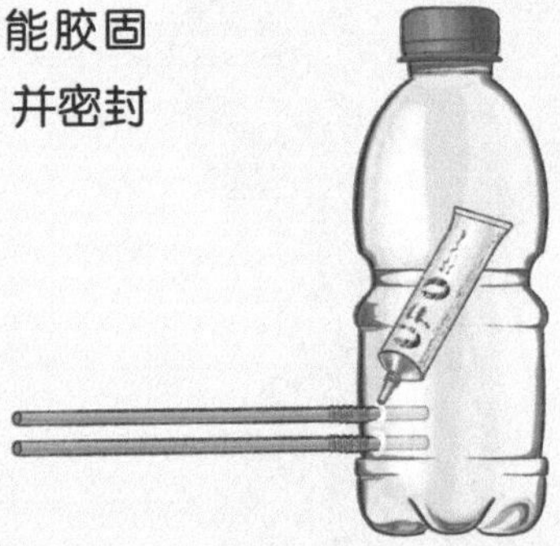

4 将吸管分别剪掉一截，留下的吸管上长下短。

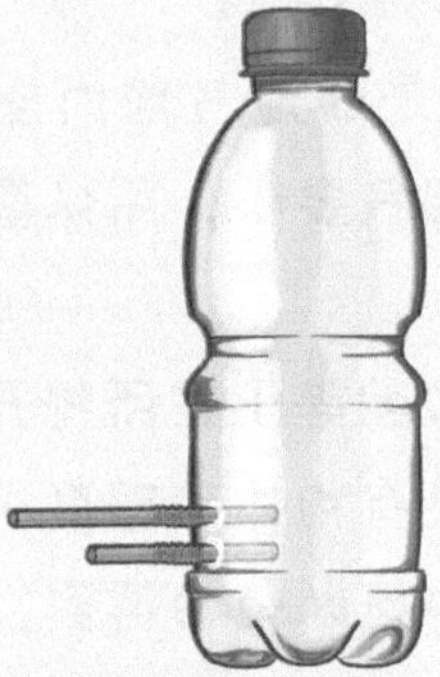

5 将塑料瓶装满水后，放置在盆栽旁，将吸管向下折。此时，当接水盘中没有水时，长吸管便会自动放水，当水位到达短吸管处时，便会停止放水，如此循环保证接水盘长期处于有水状态。

延伸与拓展

我们这次制作的自动浇水器利用了虹吸原理。虹吸是利用液面的高度差产生作用力的现象。当我们将液体充满一根倒“U”形的管状结构后，液体会从开口高的一端通过虹吸管向更低的位置流出。这是因为虹吸管两端液体的重量差距造成液体压力的差距，液体压力差推动了液体越过最高点，向低处排放。在这里，瓶子除了吸管处都是封闭的，水从液面较低的长吸管一端流出后，瓶内压强降低，空气就会从短吸管进入瓶内。当液面到达短吸管的高度后，瓶内空气得不到补充，浇花器就不再流水了。

· 小挑战 ·

其实虹吸原理在我们的生活中也有广泛的应用，观察一下还有哪些时候我们可以利用虹吸原理来帮水“搬家”呢?

想一想如何用一根水管帮高处的鱼缸向低处放水呢?有没有见过咖啡厅里的一种像实验工具的咖啡壶呢?低头看一看家里洗手台下的排水管是什么形状的呢?他们是不是都与虹吸原理相关呢?

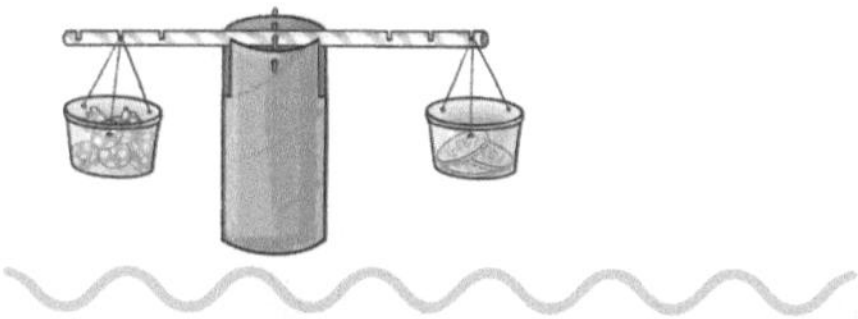

阳光下的袋子气球

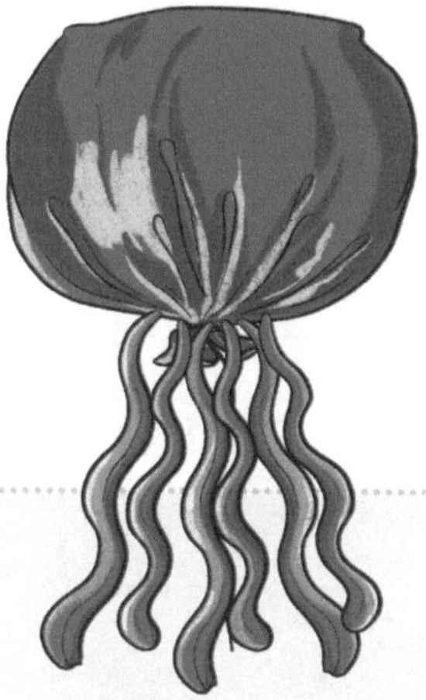

引 入

你一定见过能飘浮上天的氢气球吧！氢气球能飞上天是因为气球内部充满了大量的氢气，而氢气相比同体积的空气要轻，也就是氢气的密度比空气要小，所以氢气球能飘浮在空气中。

空气浮力与水的浮力原理相同，物体在空中受到的浮力就等于它所排开空气的重量。而物体能否飘浮在空气中的一个重要因素，便是“密度”，只有物体的密度小于空气的密度，物体才能飘浮在空气中。那有什么气体是我们在日常生活中可以轻易得到，密度又低于空气的呢？

来看一下热气球吧！热气球的基本原理是空气受热膨胀后，同样质量的空气体积变大，密度便会变小。因此，热气球便受到了大于自身质量的空气浮力，飘浮了起来。

这次我们就利用这一原理，来让我们的袋子气球飞上天吧！

材料预备

黑色垃圾袋、棉线、剪刀

【步骤】

❶ 打开袋子并灌入空气。

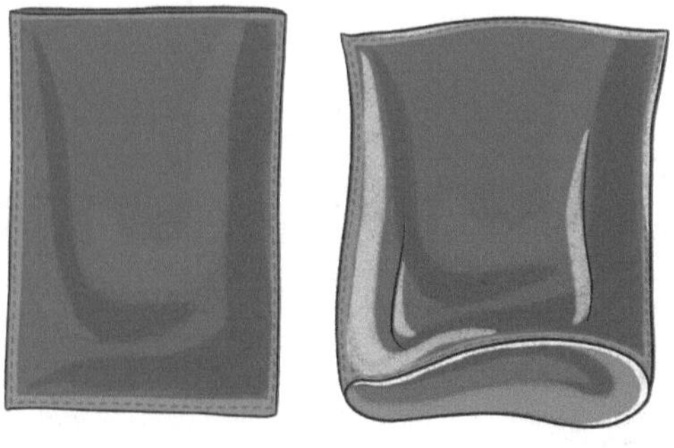

❷ 用棉线扎紧袋口，形成袋子气球。将另一个垃圾袋剪成条状，贴在袋子气球下方装饰成水母。

❸ 让袋子气球在太阳下晒热，当袋内的空气被加热后，袋子气球便会飘浮在空中。

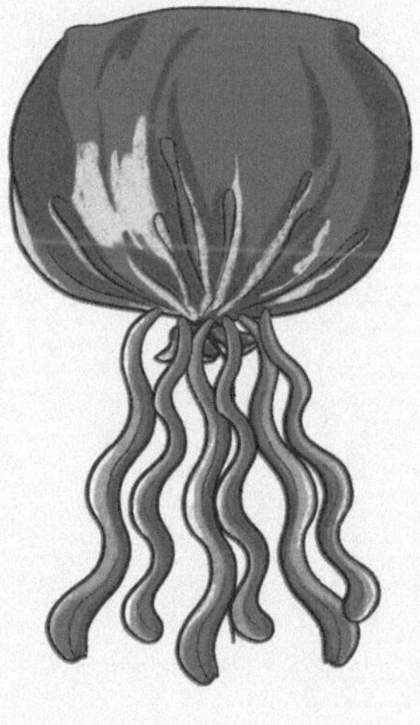

延伸与拓展

在这个实验中，我们用了黑色的垃圾袋，因为黑色是最能吸收太阳热量的颜色，当垃圾袋充满空气我们可以计时，看看太阳的热量需要多久才能让它飞上天呢？

在日常生活中你还见过哪些利用这一原理的飘浮物呢？

在节日的广场上，你有没有见过像灯笼一样可以飘浮上天的孔明灯？孔明灯也叫天灯，是中国古代传统的手工艺品。仔细观察一下，它是如何平地起飞的呢？

· 小挑战 ·

如果户外是阴天或下雨天，我们无法利用太阳的热量给袋子气球加热，你还有什么其他的方法可以加热袋内的空气呢？

浴室

我是泡泡小能手

引 入

你喜欢吹泡泡吗？观察一下，吹泡泡的工具有什么特点呢？还有什么其他的工具可以用来吹泡泡呢？

先用洗洁精加水调出泡泡水，然后到厨房里找找看，哪些工具可以吹出泡泡来呢？分别试试漏勺、中空的锅铲、漏斗、滤网、打蛋器等。这时你会发现只要是闭合的环都可以承接住泡泡水，形成漂亮的彩色薄膜，这时，只要我们轻轻吹一口气，就能飞出很多晶莹的泡泡啦！

通过尝试，我们会发现泡泡的大小与闭合环的大小有关，泡泡的多少与闭合环的数量有关。

接下来我们尝试用不同的材料来做出能吹泡泡的工具吧！

·材料预备·

铁丝（或扭扭棒）、彩色小珠子、木棒、棉线

【步骤】

❶ 将手工中常用的彩色扭扭棒或铁丝弯曲成想要的形状，并配以彩珠装饰，做出漂亮的吹泡泡工具。

❷ 用木棒和棉线组成像图中一样的“闭合结构”，你也可以发挥想象力，做出多种造型的大型吹泡泡工具。

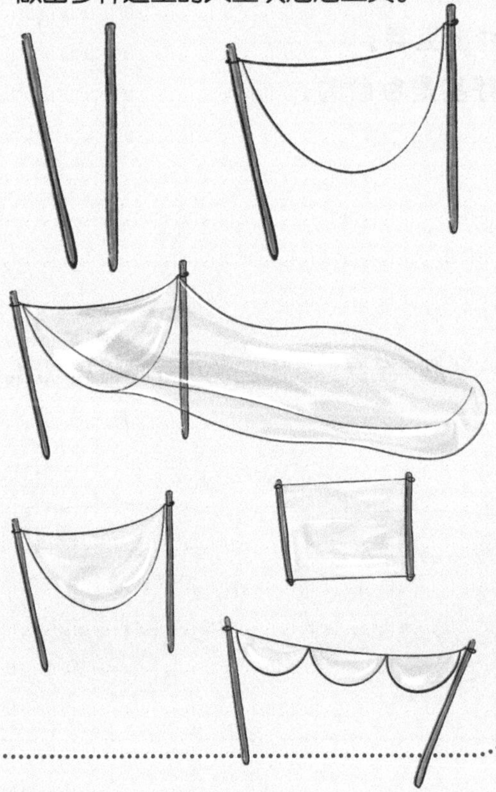

延伸与拓展

泡泡形成的原理是水的表面张力。表面张力是水等液体使表面尽可能缩小的力。加入洗洁精后，泡泡液的表面张力降低了，泡泡不容易被这股张力扯破，这样就使泡泡的状态维持了下去。

· 小挑战 ·

· 尝试做出可以穿过一个人的大型泡泡制造工具吧！

· 尝试将铁丝折成立体图形，看看会形成怎样的泡泡呢？

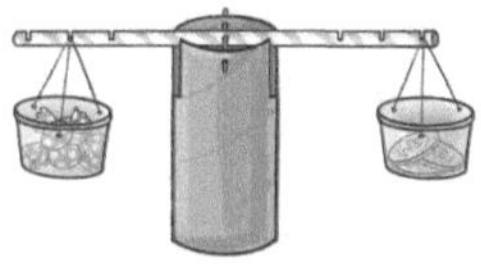

暗室里也能种出豆芽

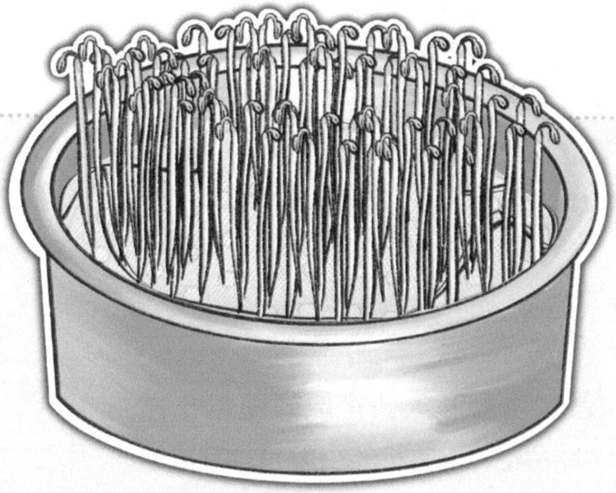

引 入

豆芽是豆科作物的种子浸水后发出的芽，它口感脆嫩、营养丰富，是一种健康食品。

那你知道豆芽是怎么种出来的吗？豆芽可以说是生产过程最简单的一种蔬菜，它不需要泥土，只需要充足的水分就可以在室内萌发了。不管是绿豆、黄豆、黑豆还是豌豆，我们都可以用同样的方法种出豆芽。

豆芽的主要食用部分是茎，在黑暗环境中萌发的豆芽茎是白色的。

材料预备

绿豆、蒸屉、纱布、不透光的布、碗、水

【步骤】

❶ 将一把绿豆放入碗中，加水浸泡，至绿豆发出白色小芽后将其取出。

❷ 在蒸屉中铺上浸湿的纱布，并将绿豆平铺在纱布上。

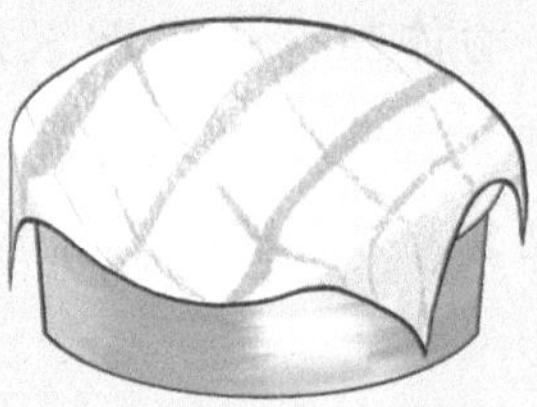

❸ 在蒸屉上盖上不透光的布，并放置在阴凉处。

❹ 每天早晚各淋一次水。

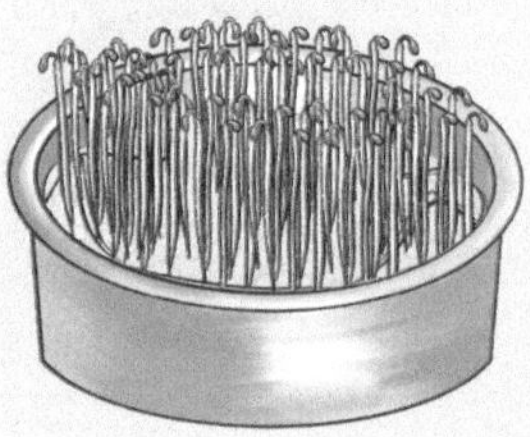

❺ 约 5 天左右，豆芽就能长到可以食用的高度了。

延伸与拓展

植物体内含有叶绿素、叶黄素、花青素等色素。哪一种色素占优势，植物就呈现相应的颜色。见不到光的豆芽体内叶黄素占优势，因此豆芽呈淡黄色；而放在阳光下的豆芽，在阳光的照射下，会产生大量的叶绿素，便会变绿，这时豆芽就成了豆苗。

光是叶绿素合成必不可少的条件，当豆芽不见光时，由于叶绿素缺少这个必要条件，叶绿素无法合成，豆芽中只有无色质体。在补充光照后，叶绿素形成，无色质体就会转化为叶绿体，植物呈现绿色。

光合作用是绿色植物特有的一种生化现象。光合作用是指植物吸收光能，在叶绿素的作用下，使二氧化碳还原形成氧，同时二氧化碳和水形成碳水化合物的过程。由此可见，光、叶绿素、二氧化碳和水是光合作用不可缺少的元素。光是光合作用的能量来源，叶绿体是光合作用进行的场所，二氧化碳和水则是光合作用的原料，碳水化合物和氧气便是光合作用的产物。

· 小挑战 ·

在种植豆芽的过程中，我们可以通过图画和文字来记录豆芽的成长，我们也可以尝试用各种不同的豆子种豆芽，并通过成长日记对比它们的生长过程以及烹饪后的口感有何不同。

此外我们还可以在生长过程中给豆芽盖上盘子，以增加豆芽向上生长的压力，看看这样种出来的豆芽又有什么不同呢？

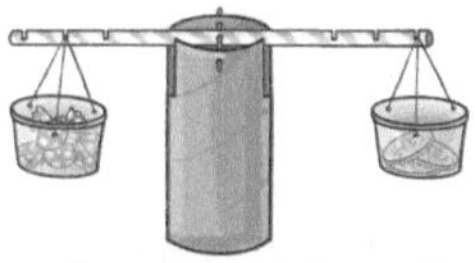

水面上浮起的小船

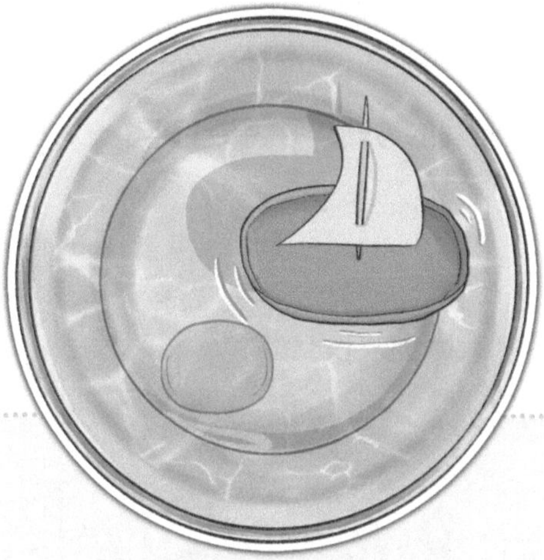

引 入

浮力是物体在液体中受到的竖直向上的力。我们在液体中放入的任何物体都会受到浮力的作用。像泡沫板、空瓶子、木头这类物体，可以轻而易举地漂浮起来。如果我们把螺丝钉、小铁球这类物体扔进水里，便会发现它们很快就沉到了水底，这是为什么呢？

为什么有些物体在水中能轻易地浮上来，而有些物体却很快就沉下去？

现在，我们来“透视”一下这些不同的物体，便会发现能浮在水面上的物体里面含有很多空气，它们的密度比水要小，所以浮力可以将它们高高举起；而沉到水底的物体却非常扎实，不含空气，密度很高，怪不得浮力撑不住它们了。

那哪些物体的密度大，哪些物体的密度小呢？阿基米德发现，在重量相同的情况下，物体的体积越大，密度越小；反之物体的体积越小，密度就越大。同理，同样体积大小的物体，重量越重的，密度越大；重量越轻的，密度就越小。这次，我们就根据浮力和密度的原理来做一艘能在水面上漂浮的小船吧！

·材料预备·

橡皮泥、牙签、彩色卡纸、剪刀

【步骤】

❶ 准备两坨一样大小的球形橡皮泥。

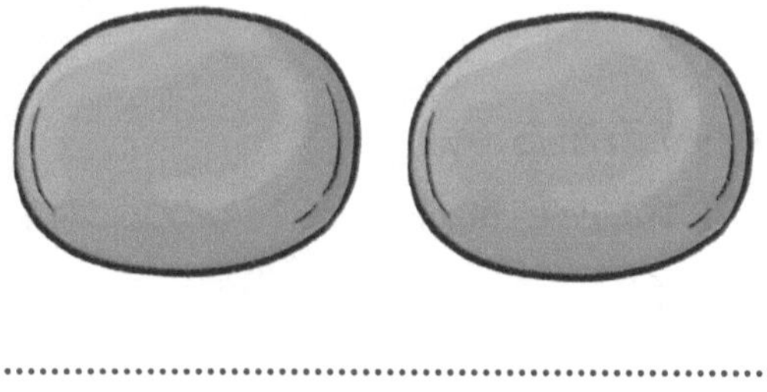

❷ 将其中一坨摊成大而薄的片状，并将边缘稍稍捏起，形成船身。

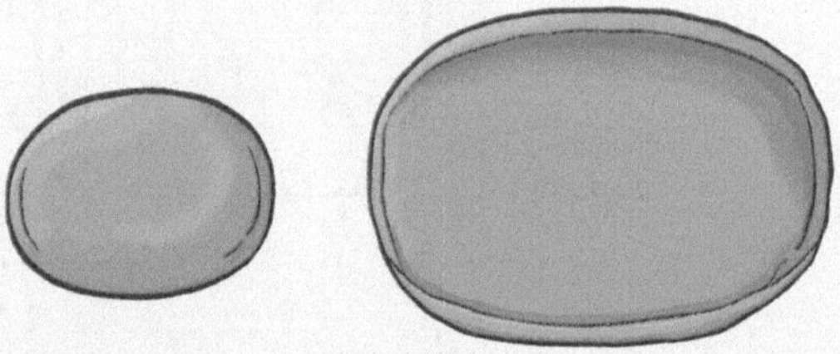

❸ 剪出一张三角形的纸片，并用牙签穿过，形成船帆。

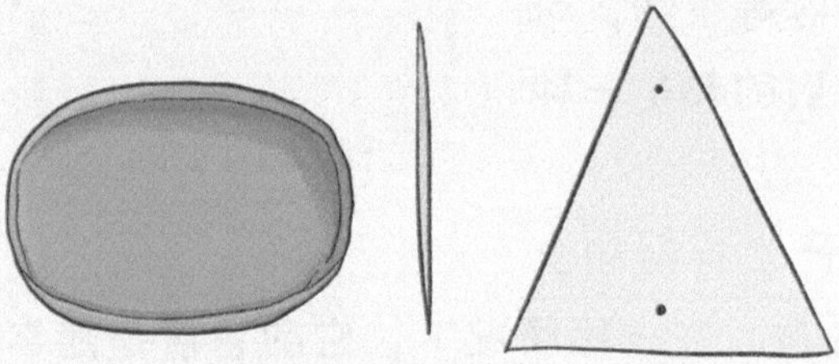

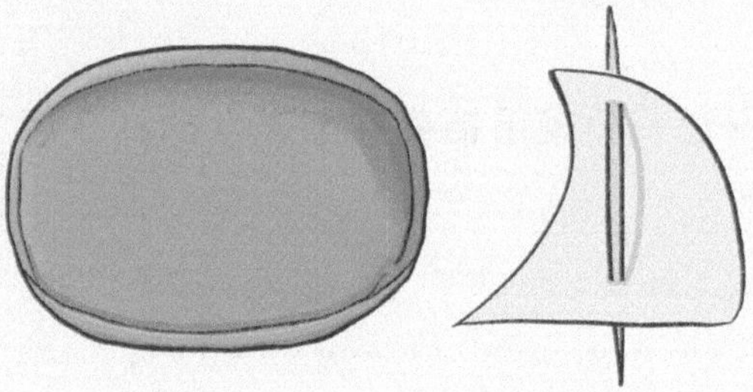

❹ 将船帆插在船身上。

❺ 将球形橡皮泥和船形橡皮泥同时放入水中，我们会发现，球形橡皮泥很快沉入水底，而船形橡皮泥则轻松地漂在水面上。

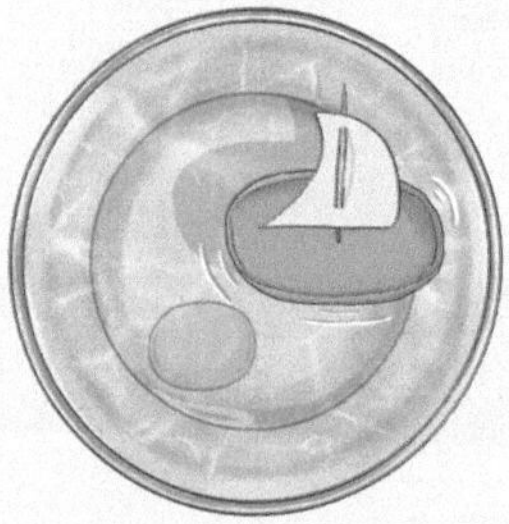

延伸与拓展

无论是浮在液体表面的物体、沉在液体底部的物体还是悬于液体中部的物体，都会受到浮力的作用。物体在液体中所受浮力的大小，除了与密度有关，还与它浸入液体中的体积有关。物体浸入液体中的体积越大，所受浮力也就越大。

根据阿基米德原理，浮力的大小等于物体在液体中排开的液体的重量。也就是说，任何一个物体只要在水中排开水的重量大于它自身的重量，它就能在水中漂浮。我们戴上救生圈就能浮在水中是因为救生圈帮我们排开了更多的水。

在实验中，我们把橡皮泥摊成大而薄的片状，并将边缘捏起，形成船身，可以让它在水中排开更多的液体，受到更大的浮力，当浮力超过了它自身的重量时，它就漂浮在了水面上。

·小挑战·

现在，我们来想想日常生活中还有哪些材料或废弃物可以用来做成浮在水面上的小船呢？木棒、蛋盒、吸管、海绵、塑料瓶、红酒瓶塞等物品都可以拿来试试看哦！

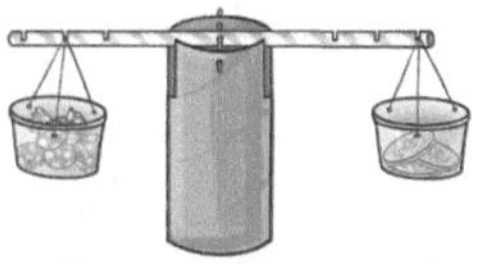

杯子底下的硬币不见了

引入

你听说过海市蜃楼吗？有的时候，人们会在平静的海面、湖面或沙漠中，忽然看到亭台楼阁、城郭古堡、森林山脉等景物，可是当大风一起，这些景象又突然消失了，原来人们看到的都是一种幻影，是不是很奇妙呢！

为什么会产生海市蜃楼呢？其实这是一种因光产生折射和全反射形成的自然现象。空气本身并不是一种均匀的介质，在一般情况下，它的密度是随高度的增大而递减的，高度越高，空气的密度越小。当光线穿过不同密度的空气层时，便会产生折射。

这次我们就利用光的折射来变一个“小魔术”——让一枚硬币消失在倒满水的杯子底下。

材料预备

水杯、水、硬币

【步骤】

❶ 准备一个水杯和一枚硬币。

❷ 将硬币放在水杯底下。

❸ 向水杯里倒水。这时，你会发现从杯壁的方向看过去，杯底的硬币消失了。

❹ 但如果我们用水打湿硬币，再将硬币放回杯底，就会发现又能在杯壁处清晰地看见硬币了。

延伸与拓展

全反射现象是光折射的特殊现象，只有当光线从光密介质射向光疏介质，并且入射角大于等于临界角时，全反射现象才会发生。例如当光线从玻璃进入空气时，全反射会发生，但当光线从空气进入玻璃时则不会。

在实验中，玻璃杯没有加水之前，硬币的影像可以通过折射传到杯壁，进入我们的视线，而在加了水之后，因为水的折射率大于空气，硬币的影像光线到达杯壁时，入射角变大，形成了全反射，光线只反射到了水面上，我们在杯壁处就无法看到杯底的硬币了。当我们将硬币打湿后，硬币上的水和杯子的水折射率很接近，所以硬币影像的光线没有折射，因此我们又可以在杯壁处看到杯底的硬币了。

· 小挑战 ·

刚才我们已经了解了光的全反射可以引起一些视觉上的错觉，那么我们还可以利用这一原理来设计出哪些好玩的小游戏呢？

如果将一根筷子插入倒满水的透明玻璃杯，我们看见的水中的筷子和原来所见的还一样吗？我们再来尝试将一张画有图案的纸片套上密封袋放入水中，你认为会发生怎样的情景呢？试试下面的这个小实验吧！

❶ 在白纸上画出病毒的图案。

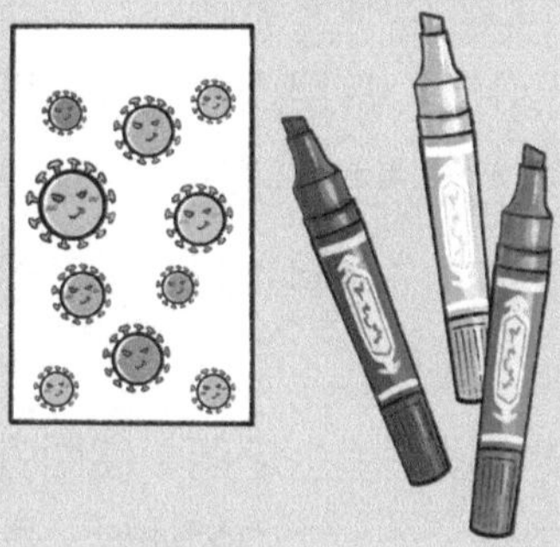

❷ 将白纸装入透明密封袋中。

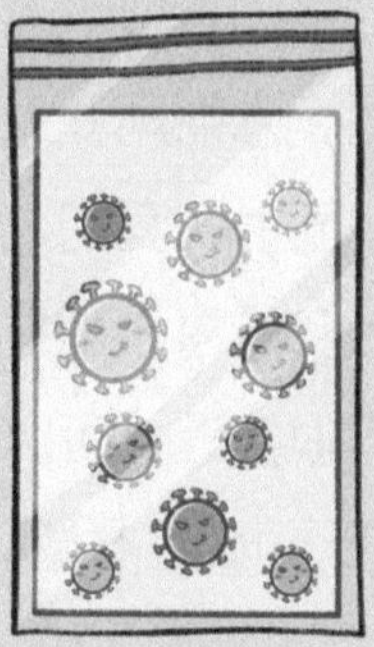

❸ 在密封袋上用记号笔画出手的形状。

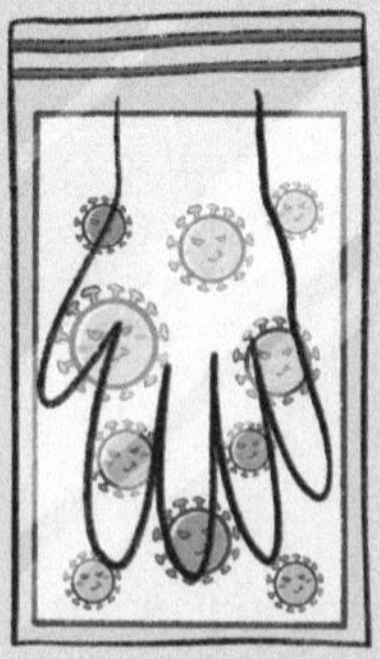

❹ 将密封袋放入水中，我们会发现，小手没入水的那部分上面的病毒不见了。

❺ 将小手完全放入水中，小手变得干干净净了呢！想一想这是为什么呢？